山东省农业科学院
科技创新成果集萃

张立明　刘开昌　赵海军　主编

中国农业科学技术出版社

图书在版编目（CIP）数据

山东省农业科学院科技创新成果集萃 / 张立明，刘开昌，
赵海军主编. --北京：中国农业科学技术出版社，2021.8
ISBN 978-7-5116-5136-5

Ⅰ. ①山… Ⅱ. ①张… ②刘… ③赵… Ⅲ. ①农业技术—科
技成果—汇编—山东 Ⅳ. ①S-12

中国版本图书馆 CIP 数据核字（2021）第 019132 号

责任编辑	白姗姗
责任校对	贾海霞
责任印制	姜义伟　王思文

出 版 者	中国农业科学技术出版社
	北京市中关村南大街12号　　邮编：100081
电　　话	（010）82106638（编辑室）　（010）82109702（发行部）
	（010）82109709（读者服务部）
传　　真	（010）82106650
网　　址	http://www.castp.cn
经 销 者	各地新华书店
印 刷 者	北京建宏印刷有限公司
开　　本	185 mm×260 mm　1/16
印　　张	22
字　　数	410千字
版　　次	2021年8月第1版　2021年8月第1次印刷
定　　价	128.00元

山东省农业科学院科技创新成果集萃

材料提供单位：

1. 山东省农业科学院作物研究所
2. 山东省农业科学院玉米研究所
3. 山东省农业科学院经济作物研究所
4. 山东省农业科学院农业资源与环境研究所
5. 山东省农业科学院植物保护研究所
6. 山东省农业科学院农业质量标准与检测技术研究所
7. 山东省农业科学院农业信息与经济研究所
8. 山东省农业科学院蔬菜研究所
9. 山东省农业科学院农产品研究所
10. 山东省农业科学院农作物种质资源研究所
11. 山东省农业科学院湿地农业与生态研究所
12. 山东省农业科学院休闲农业研究所
13. 山东省农业科学院畜牧兽医研究所
14. 山东省农业科学院家禽研究所
15. 山东省葡萄研究院
16. 山东省农业机械科学研究院
17. 山东省农药科学研究院
18. 山东省蚕业研究所
19. 山东省花生研究所
20. 山东省果树研究所

2013年11月27日，习近平总书记视察山东省农业科学院并作出"农业的出路在现代化，农业现代化的关键在科技进步和创新""给农业插上科技的翅膀"等重要指示，成为山东省农业科学院弥足珍贵的精神财富和事业发展的不竭动力。

为深入贯彻落实习近平总书记重要指示精神，全面践行"翅膀论"，科技支撑山东农业新旧动能转换和乡村振兴战略实施，山东省农业科学院党委提高政治站位，强化责任担当，在省委省政府的支持下启动实施全国首个省级农业科技创新工程，紧紧围绕贯彻落实国家农业科技战略布局和山东省委省政府关于农业工作的重大部署，立足农业发展实际需要，坚持问题导向和产业需求，以突破产业重大核心技术和创建乡村振兴齐鲁样板为核心，以优势特色创新团队建设为重点，深化科技管理改革，探索建立财政稳定支持与适度竞争相协调的农业科技创新机制，建立差异化分类考评机制，激发人才创新活力，提高创新效率和创新质量。聚焦解决农业长远发展和制约农业供给侧结构性改革的重大科技问题，坚持开放合作协同创新，加强与中国农业科学院科技创新工程的战略合作，聚集省内外优势科技力量，重点组织实施了农业科技基础性工作、产业重大技术创新、基础理论研究和农业成果集成示范四类主体任务，重点突破制约产业转型升级的重大关键技术瓶颈，打造全产业链条提质增效和区域农业整体解决方案，打通创新研究与服务产业之间的通道，持续提升科技自主创新能力和产业支撑能力，更好地给农业插上科技的翅膀，为加快山东农业新旧动能转换、打造乡村振兴齐鲁样板和推动山东农业走在全国前列提供有力的科技支撑。

在山东省农业科学院农业科技创新工程、国家重点研发计划项目、省重大科技创新工程、省农业良种工程等支持下，山东省农业科学院科技创新成果呈现趋增态势，在品种培育、种养模式、产品创制等方面取得了一批拥有自主知识产权的重大科技成果，建立了一批引领性农业科技示范样板，创造了显著的社会、经济和生态效益，为山东乃至黄淮海区域农业转调升级提供了有力的科技支撑，创新成果和服务产业经验得到了省委省政府的充分肯定，省委书记刘家义和副省长丁国安等省领导专门对此作出重要批示，《人民日报》《科技日报》《农民日报》、山东新闻联播等主要媒体进行了宣传报道。本书按照获得国家及省部级科技奖励成果、新品种、新技术、新产品的思路撷取部分最新创新技术予以编辑，以加快农业技术成果的推广应用，支撑引领农业新旧动能转换和乡村振兴战略的实施。

由于编写时间仓促，错误之处在所难免，敬请谅解并批评指正。

编　者

2021年8月

Contents 目 录

第一部分
获得国家及省部级科技奖励成果

广适高产稳产小麦新品种鲁原502的选育与应用

一、技术成果水平

该成果获国家科技进步奖二等奖。

二、成果特点

针对小麦高产品种的广适性较差，推广种植区域受到较大限制，育成品种的遗传相似性高，潜在风险大，以及品种抗倒伏能力较差，产量稳定性受到较大影响的问题，创新育种思路与技术体系，育成广适高产稳产小麦品种鲁原502并大面积推广。确立了"两稳两增"（稳定群体、稳定千粒重，增加穗粒数、增强抗倒性）的育种新思路，创新集成了目标突变体创制与杂交选育技术相结合的育种技术体系。培育的广适高产稳产小麦新品种鲁原502，通过国家和四省（自治区）审（认）定，实打产量突破800千克/亩*，年推广面积超1 500万亩，成为我国三大主推小麦品种之一。鲁原502具有产量潜力高、适应性广、抗倒伏能力强、水分利用效率高、品质优良等突出优点。在国家和山东省区试中产量均居第一位，分别较对照增产10.16%和4.99%；山东省高产创

鲁原502

---

* 1亩≈667平方米，1公顷=15亩。全书同。

建实打验收最高单产达812.2千克/亩。该品种自身调节能力强，适应区域广，在国家多年多点区试中增产点率100%，推广区域覆盖鲁、皖、冀、苏、晋、新疆6个省（区）。群体结构合理，植株重心低、基部节间短且壁厚、茎秆抗折力高，抗倒伏能力强。在不同节水处理水平，水分利用效率高，节水丰产性好。品质为优质中筋，馒头评分80.0分，面条评分82.0分。研究制定了鲁原502高产高效栽培技术规程，探索构建了"科研单位+种业联盟+农技推广单位+农业种植合作社"的推广模式，优化集成了"稳群体、增穗重、减氮肥、适节水"的鲁原502高产高效栽培技术体系。

三、推广应用

鲁原502自推广应用以来，连续多年被列为农业农村部和省级主导品种，年种植面积逐年增长，现已累计推广7 700.5万亩，增收粮食38.91亿千克，新增经济效益91.83亿元，为山东省乃至黄淮麦区小麦产业发展发挥了重要作用。

主要完成单位：山东省农业科学院农产品研究所，中国农业科学院作物科学研究所，山东鲁研农业良种有限公司

主要完成人：李新华，刘录祥，李鹏，吴建军，高国强，孙明柱，赵林姝，王美华，张凤云，郭里磊

通信地址：山东省济南市工业北路202号

联系电话：0531-66659290

花生抗逆高产关键技术创新与应用

一、技术成果水平

该成果获国家科技进步奖二等奖，连续多年被遴选为农业农村部和山东省主推技术，为我国花生抗逆高产栽培和扩大花生种植区域提供了科技支撑。

二、成果特点

针对花生生产中旱、涝、酸化、盐碱等非生物逆境、传统穴播两粒或多粒种植引起的生物逆境制约花生产量突破的问题，研究阐明了非生物逆境胁迫机理，首次揭示了钙离子信号途径调控花生抗逆性和荚果发育的分子机制，使花生栽培深入到分子水平，创建了以提高旱、涝、盐碱等非生物逆境抗性、促进荚果饱满度为核心的钙肥调控技术，并研发出土壤钙元素活化技术及系列专用肥，应用之后饱果率提高16.5%；阐明了单粒精播增产机理，提出在总生物量基本稳定的前提下提高经济系数的高产新途径，创建了替代传统两粒或多粒穴播的单粒精播技术；创建了控旺长防倒伏促物质运转、防病保叶促干物质积累、防止脱肥促荚果充实的"三防三促"技术，实现了全生育期群体质量的精准调控。以单粒精播为核心技术，建立了花生抗逆高产栽培技术体系，实现了我国花生施肥、播种和田间管理全程精准栽培。

实现了我国花生逆境条件下单产水平的大幅提高：高产攻关旱地亩产花生611.3千克，渍涝地426.7千克，酸性土675.5千克，盐碱地548.6千克，达到抗逆栽培产量最高水平，平均亩增产8%以上，节省种子20%，实现了节本增效。单粒精播超高产技术创实收亩产782.6千克的纪录，突破了高产技术瓶颈，颠覆了"创高产必须穴播2粒"的传统认识，是我国花生种植技术的一次重大变革。

三、推广应用

在山东、河南、河北、辽宁、安徽、湖南、江苏、广西等地累计推广1.35亿亩，增产花生364.9万吨，新增利润174.7亿元。

完成单位：山东省农业科学院，青岛农业大学，山东农业大学，湖南农业大学，史丹利农业集团股份有限公司，青岛万农达花生机械有限公司

主要完成人：万书波，张智猛，李新国，李林，吴正锋，郭峰，张佳蕾，李向东，王铭伦，杨莎

通信地址：山东省济南市工业北路202号

联系电话：0531-66659861

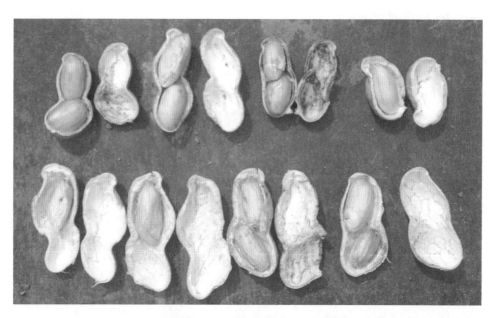

饱果（上）与秕果（下）比较

单粒精播两株比较　　　　　　　双粒播一穴两株比较

小麦玉米周年丰产肥水高效关键技术创新与应用

一、技术成果水平

该成果获得山东省科技进步奖一等奖，共发表相关研究论文211篇（其中，SCI收录50篇），出版著作6部，获得授权专利30件（其中，国际发明专利1件、国家发明专利17件）、肥料产品登记证6个、软件著作权9项，制定国家标准1项、地方标准15项、省农业主推技术4项，累计培养博士、硕士研究生95名，组织209位专家建立了11个科技特派员工作站，累计培训基层农技人员与农民60余万人次，取得了显著的经济、社会、生态效益。

二、成果特点

该成果聚集山东小麦玉米周年生产中存在肥水协同性与小麦玉米周年需求匹配度较差、长期单一旋耕导致耕层土壤厚度降低且质量下降以及小麦玉米周年生产抗逆稳产性较差三大突出问题，自2011年起历时9年持续攻关，按照"理论研究、关键技术创新、技术模式创建、技术体系集成"的总体思路，在理论研究及关键技术创新方面取得重大突破，揭示了耕层土壤"扩蓄增效"和小麦玉米周年肥水协同的调控机理，创新了耕层土壤地力持续提升、小麦玉米周年肥水高效利用、小麦玉米壮株延衰增粒重三项共性关键技术，构建鲁东丘陵区、鲁中半干旱区、鲁西沿黄平原区三套区域性小麦玉米周年丰产高效技术模式，建立了山东省小麦玉米周年丰产高效技术体系。建立了"三中心四协同"粮食丰产增效技术推广模式，在两熟种植区小麦玉米周年丰产肥水协同高效机理、关键技术创新、技术集成与示范应用等方面均取得显著成效，在小麦玉米周年改土培肥、肥水协同技术方面的研究达国际领先水平。

三、推广应用

累计示范推广18 066.04万亩，小麦玉米周年平均亩增产32.41千克，实现提高水分利用效率16.30%、肥料利用效率10.80%，新增粮食585.52万吨，新增经济效益1 541 229.26万元。

创新成果集成示范

主要完成单位：山东省农业科学院玉米研究所，山东省农业科学院作物研究所，青岛农业大学，山东农业大学，中国农业大学，山东省农业技术推广总站，施可丰化工股份有限公司

主要完成人：刘开昌，刘树堂，李宗新，李全起，陈源泉，鞠正春，赵海军，解永军，宋希云，张慧，姜雯，薛艳芳

通信地址：山东省济南市工业北路202号

联系电话：0531-66658629

济薯系列专用甘薯新品种

一、技术成果水平

该成果获得山东省科技进步奖一等奖,获植物新品种权4项、授权发明专利10项、计算机软件著作权4项;制定山东省地方标准9项;获得省、部主推技术3项;发表论义66篇(其中,SCI收录15篇)、出版著作3部。

二、成果特点

聚合国内外优异甘薯资源,培育出不同类型的系列甘薯新品种4个,均通过国家鉴定和山东省审定。济薯18为鲜食和紫薯脯加工专用,干物质含量26.8%,花青素含量17.1毫克/100克,可溶性糖含量8.82%,省区试中食味评分3.1(对照2.0),为国内首个通过国家鉴定的紫薯品种。济紫薯1号(原名济黑薯1号)为色素和紫薯全粉加工专用,花青素含量106.18毫克/100克鲜薯(对照15.4毫克/100克),干物质含量42%,花青素含量比食用型紫薯品种平均高3~4倍,种植面积占国内加工型紫薯80%以上,是花青素提取和紫薯全粉加工的首选品种。济薯21为鲜食和淀粉加工专用,干物质含量34.6%,比对照品种高2.3个百分点,区试食味评分3.2(对照2.0),是山东省甘薯主推品种。济薯22号为烤薯和薯汁加工专用,干物质含量25.6%,还原糖含量7.98%,区试食味评分3.4(对照2.0)。

围绕4个专用品种,研究揭示了品质形成的生理与分子生物学机制,明确了关键农艺措施对淀粉、花青素积累的调控效应,创建了定向调控淀粉和花青素代谢的关键技术;首创北方薯区脱毒种薯1年制规模化繁育供应技术体系,繁殖系数由常规三年制的30~40倍提高到500~600倍,病毒再侵染率由36.2%下降到10%以内;集成建立了品质和产量协同提高的以"培育健康种苗、平衡施肥、科学化控、综合植保、安全贮存"为主要内容的优质专用甘薯标准化生产技术体系。

三、推广应用

成果在山东、安徽、河南、福建、山西等甘薯主产区累计推广1 782万亩,新增经济效益72.4亿元。

完成单位:山东省农业科学院作物研究所,泗水利丰食品有限公司,江苏师范大学

主要完成人：张立明，王庆美，郑元林，张海燕，侯夫云，李爱贤，孔宪奎，解备涛，汪宝卿，董顺旭，宋华东，段文学

通信地址：山东省济南市工业北路202号

联系电话：0531-66659258

济薯系列专用甘薯新品种

我国主要粮食作物一次性施肥关键技术与应用

一、技术成果水平

该成果获山东省科技进步奖一等奖，山东省农业科学院农业资源与环境研究所为第一完成单位和第一产权单位，联合中国农业大学、中国科学院南京土壤研究所、中国农业科学院农业资源与农业区划研究所等共9家单位共同完成。

二、成果特点

针对粮食作物施肥次数多、施肥量大、肥料利用率低、劳动力成本高等问题，创建了玉米、小麦和水稻三大粮食作物一次性施肥技术体系。

研发出与东北春玉米、黄淮海冬小麦/夏玉米、长江中下游单季稻、南方双季稻三大粮食作物养分需求相匹配的系列缓释肥料，水基树脂包膜缓/控释肥以及含腐殖酸和抑制剂型低成本长效肥，实现了作物高产与养分资源的高效利用。

发明了一次性施肥配套种植机械系统，为一次性施肥提供了产品与装备保障。发明7种核心关键部件，定型5种一次性施肥播种联合作业机，其中，3种产品在国内多家企业批量生产。

阐明了粮食作物一次性施肥的产量、效率、土壤、环境等综合效应，建立了三大粮食一次性施肥的关键技术参数。在东北、黄淮海、长江中下游、华南四大典型生产区域通过1 000多个田间试验，实现了减氮增产或稳产的目标，节约劳动力，增加农民收益的目标。每公顷氮肥利用率提高6%以上，节约劳动力15个以上，净收益增加600～2 100元，温室气体减排18%以上，淋溶径流损失减少17%以上。

获奖证书

三、推广应用

创建了三大主要粮食作物一次性施肥技术体系，在4个典型区域（东北、黄淮海、长江中下游、华南）、五大种植体系（春玉米、冬小麦、夏玉米、单季稻、双季稻），形成了系列一次性施肥的技术规程12套和标准3项，培训基层科技推广人员6 000余人，高级技术人才200余名，培训农民6万余人次，推广示范达1 030万公顷，累计经济效益145.75亿元。

完成单位：山东省农业科学院农业资源与环境研究所，中国农业大学，中国科学院南京土壤研究所，中国农业科学院农业资源与农业区划研究所，广东省农业科学院农业资源与环境研究所，华中农业大学，山东省农业机械科学研究院，吉林省农业科学院，史丹利农业集团股份有限公司

主要完成人：刘兆辉，崔振岭，谭德水，杜昌文，王立刚，唐拴虎，李小坤，荐世春，尹彩侠，李彦，江丽华，林海涛

通信地址：山东省济南市工业北路202号

联系电话：0531-66658270

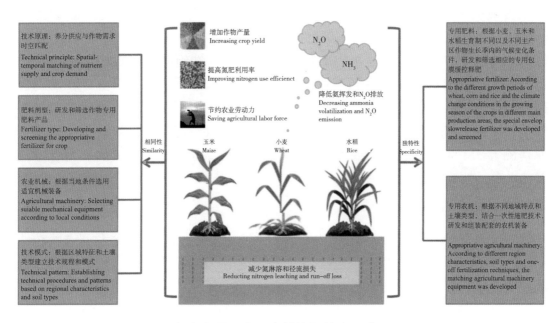

冬小麦夏玉米一次性施肥技术示意图

猪四种重要疫病防控新技术的研发与应用

一、技术成果水平

该成果获得山东省科技进步奖一等奖，获国家新兽药证书4项、农业部临床试验批件5个、地方标准6项、授权发明专利13件，发表论文109篇（其中，SCI收录32篇）。

二、成果特点

猪繁殖与呼吸综合征（PRRS）、猪流行性腹泻（PED）、圆环病毒病（PCVD）和副猪嗜血杆菌病（HPS）每年造成损失超过200亿元，严重制约养猪业健康发展。该项目对上述疫病的病原学、诊断和防控技术进行了系统研究，摸清了山东四种猪重要疫病的流行本底，探明了病原的分子遗传演化规律，揭示了其致病机制与免疫机制。筛选和甄别免疫原性强的流行菌毒株，突破纳米佐剂等制苗工艺瓶颈，创制出HPS二价灭活疫苗，保护率达90%以上；研制出针对PEDV变异株的猪传染性胃肠炎、猪流行性腹泻二联活疫苗（SD/L株+LW/L株），显著提高了对PEDV变异株的保护率；研制出PCV2灭活疫苗，进一步创制出含CpG基序的核酸候选疫苗，免疫保护率达85%以上；在动物保护领域率先研发双氯芬酸钠注射液等两种新兽药，适用于混合或继发感染的对症治疗。制备和筛选新型诊断抗原，优化反应参数，建立了针对四种疫病的抗原检测方法，研制出抗体检测试纸条（卡），与商品化ELISA试剂盒符合率达95%以上，实现了快速检测和现地使用，填补了省内空白。

三、推广应用

采取基地示范、成果转化、技术培训等方式，在金锣集团等大型农牧企业和山东、河南等生猪主产区示范推广，累计应用7 532万头生猪，出栏商品猪成活率提高了7%。该项目创造直接经济效益达60.6亿元，推动了养猪行业和生物制品行业的科技进步。

主要完成单位：山东省农业科学院畜牧兽医研究所，齐鲁动物保健品有限公司，烟台绿叶动物保健品有限公司

主要完成人：吴家强，李俊，魏联果，吕淑荣，于江，王兆，张玉玉，时建立，陈智，田野，贾立华，徐绍建

通信地址：山东省济南市桑园路8号

联系电话：13969105322

获奖证书

棉花轻简化丰产栽培技术

一、技术成果水平

该成果获山东省科技进步奖一等奖，获授权专利23项（其中，发明专利13项）、品种权2项、软件著作权8项，制定行业/地方标准11项。编著《棉花轻简化栽培》等著作5部，发表论文207篇，其中，SCI收录41篇，共被引用2 389次。成果被农业农村部定为全国主推技术；在国际棉花研究大会（WCRC-6）报告，并被国际棉花咨询委员会（ICAC）向全球推介，产生重要国际影响。

二、成果特点

1. 突破了棉花轻简化栽培的关键技术

建立了不同棉区棉花精准播种技术，研制出配套播种机械，省种50%～80%，并省去间苗、定苗工序。确定了各棉区的最佳施肥量，研制出养分释放与棉花养分吸收相同步的专用缓控释肥，建立了长江流域与黄河流域棉花轻简高效施肥技术，施肥减至1～2次，利用率提高10%～15%。建立了内地棉区以"控冠促根"、西北内陆棉区以"调冠养根"为重点的棉花群体优化与集中成铃技术，为提高品质、集中收获提供了保障。建立了西北内陆以隔行膜下滴灌、水肥同步、合理密植为重点的棉花节水减肥技术，节水20%，减肥15%。筛选出一批适宜轻简化栽培的棉花品种，育成适合轻简种植和机械采收的K638和K836，促进了良种良法配套。

2. 创建了棉花轻简化丰产栽培技术体系

集成建立了以精准播种减免间苗、定苗为核心的黄河流域一熟制棉花轻简化丰产栽培技术，平均增产9.8%，用工减少17.5%，物化投入减少9%；以穴盘育苗、轻简施肥为核心的内地多熟制棉花轻简化高效栽培技术，长江流域套作棉花增产6.7%，用工减少14.1%，减肥18%；以节水减肥、群体调控、优化成铃为核心的西北内陆棉花轻简化高产栽培技术，增产6.5%，用工减少15.3%，节省氮肥12.7%，节水15.5%。

三、推广应用

取得了显著的社会效益和经济效益。政府组织推动，农技推广部门、新型农业经营主体、科教机构和相关企业紧密结合，通过技术培训、高产展示、示范辐射等形式，在黄河流域、长江流域和西北内陆棉区累计推广7 008万亩，新增经济效益166亿元。培育新型农业经营主体32个，培训农业技术人员和植棉农民10万多人次。

完成单位：山东棉花研究中心，华中农业大学，新疆农业科学院经济作物研究所，安徽省农业科学院棉花研究所，滨州市农业机械化科学研究所，河南省农业科学院经济作物研究所

主要完成人：董合忠，代建龙，郑曙峰，王桂峰，罗振，郭红霞，李维江，田立文，杨国正，辛承松，李霞，张爱民

通信地址：山东省济南市工业北路202号

联系电话：0531-66659255

黄河流域棉区

长江流域棉区

西北内陆棉区

棉花轻简化丰产栽培技术示范基地

农业多源信息整合与精准服务技术

一、技术成果水平

该成果获得山东省科技进步奖一等奖，授权专利27件，其中，发明10件，软著50项，制定标准3项，发表论文108篇，其中，SCI/EI收录46篇，出版著作3部。

二、成果特点

1. 创立了农业多源信息整合技术体系

提出了基于本体的农业知识图谱构建方法，国内首次创建了涵盖3 550类、530个语义关系和1.4万个本体实例的知识图谱库；突破了海量农业数据的多态超融合存储技术，构建了1 031个结点100TFlops总计算能力的农业云存储环境；建立了国内蕴藏农业在线数据量最大的信息推送引擎，整合了山东及全国24 233个农业网站、132个专业应用系统数据资源，有效数据日更新量达178万条，数据迭代日增长规模达9TB，日均服务用户达1万次以上。

2. 构建了农业信息智能处理与精准服务模型

面向主要蔬菜、果树、畜禽等领域生产决策需求，构建了涵盖气候、土壤、动植物生长等37个因子的复杂系统预测预警模型，预测精度比传统模型提高3%～5%；率先建立了农业实时信息和知识库联合驱动的生产智能决策模型，创建了具有案例深度学习与规则优化迭代功能的知识库和模型库149个，区域性农业决策模型1 280个，知识规则21.3万条，病害诊断准确率达90%以上；构建了基于地域、产业类型、生产经营行为等因子的用户分类和情景感知的信息智能推荐方法，信息推送准确率为81.3%，与传统方法相比提高了30%以上。

3. 创建了首个国家农村信息化示范省综合服务云平台

制定了农业信息集成技术标准，采用软总线的领域构架建模与多通道融合技术，开发了农情监测、肥水决策、病害诊断、市场预警等可定制、可组装的主动服务云组件1 500套；集成了粮食、蔬菜、果树、畜禽等十大优势产业全产业链信息服务系统，研发了系列低成本农业信息实时获取终端，打造了集"语音、短信、视频、网络、广播"于一体的大数据、多通道、多服务人群的国内规模最大的省级综合信息服务平台，平台数据容量达9 855TB，年均推送信息16亿条，实现了农业多产业、全链条、广用户的信息精准服务。

三、推广应用

在全省布局建设了综合和专业信息服务示范站点3 151个，实现全省8万余个行政村信息服务全覆盖，辐射全国12省市、38个国家农业园区，累计培训15万余人次。促进了信息化和农业产业化深度融合，仅果茶、蔬菜、畜牧产业和综合信息服务平台新增间接经济效益96亿多元，在全国农业信息化建设中发挥了借鉴和引领作用，社会效益巨大。

农村信息化示范省综合服务云平台

完成单位：山东省农业科学院农业信息与经济研究所，中国农业大学，北京农业信息技术研究中心

主要完成人：李道亮，阮怀军，吴华瑞，傅泽田，封文杰，李景岭，王磊，刘延忠，赵佳，孙想，王凤云，陈英义

通信地址：山东省济南市工业北路202号

联系电话：0531-66659821

黄淮海集约农区氮磷面源污染防控关键技术与应用

一、技术成果水平

该成果获山东省科技进步奖一等奖，共获授权专利29件，发表论文126篇，出版著作13部，发布地方标准8项，获批新产品登记证6个，授权软件著作权25个。

二、成果特点

针对黄淮海农区集约化程度高、土壤氮磷负荷大、地下水硝酸盐污染风险高，而区域氮磷环境排放阈值和风险评估体系缺失、防控技术不健全等问题，研究揭示了黄淮海农区氮磷面源污染发生规律，明确了主要种植模式下农田氮磷排放特征和驱动因子，更新了主要类型畜禽养殖氮磷排污系数。明确了黄淮海农田土壤氮磷淋溶环境排放阈值，构建了区域地下水和地表水农业源氮磷污染风险评估体系，绘制出污染风险等级图。研发了小麦—玉米种植体系氨挥发污染源头控制技术，氨挥发减少17.8%～38.7%，创建了设施蔬菜氮磷淋溶损失过程物理阻隔和增碳控氮减排技术，氮磷淋溶损失降低65.8%和72.1%，发明了养殖固体废弃物厌氧干发酵和污水低成本高效处理新工艺，开发出复合过滤吸附材料及装置，处理效率提高45%以上，研发了粮田和菜田养殖废弃物高效安全利用技术。

三、推广应用

提出了区域种养科学布局和结构优化调整方案，构建了种养两大体系5类氮磷面源污染防控技术模式，在山东、河北、河南等地大面积推广应用，累计应用853.3万公顷，产生经济效益108.97亿元，节约氮磷肥（折纯）68.12万吨和57.52万吨，减少氮排放13.69万吨、磷1.84万吨，环境与社会效益显著。

完成单位：山东省农业科学院农业资源与环境研究所，农业农村部环境保护科研监测所，河南省农业科学院植物营养与资源环境研究所，北京市农林科学院植物营养与资源研究所，山东黎昊源生物工程有限公司

主要完成人：李彦，张英鹏，安志装，王凤，王艳芹，寇长林，刘兆辉，井永苹，李鹏，薄录吉，张克强，郭战玲

通信地址：山东省济南市工业北路202号

联系电话：0531-66658353

氮磷流失定位长期监测

小麦壮根调冠抗逆高效技术

一、技术成果水平

该成果获山东省科技进步奖二等奖。

二、成果特点

1. 创建了小麦壮根调冠抗逆高效关键技术

研究探明了播种深度和播前播后镇压对根系形态和功能、冠层结构和产量的调控效应，创新了耕作播种条件下"碎土整平二次镇压"技术，一次完成碎土整平、耕层肥料匀施、播前播后二次镇压等复式作业，提高了播种质量，植株抗低温和干旱能力显著增强，较传统播种技术增产10%~15%。研究明确了深层土壤根系在产量形成过程中的决定性作用，探明了打破犁底层和肥料分层施用对小麦深层土壤根系分布和功能的调控机制，创建了免耕播种条件下"耕层优化等深匀播"技术，一次完成苗带旋耕、振动深松、肥料分层施用、等深匀播和播后镇压等复式作业。该技术优化种床、促根下扎、健根壮株、提高养分利用效率，群体抗逆能力显著增强，较传统栽培增产8%~13%。

2. 创新集成了相关配套技术

选用穗部光合面积占比高的抗逆广适多穗型品种，优化冠层结构，充分发挥穗部器官的光合与抗逆优势；根据地力水平适当扩大行距，改善群体通风透光性，增加茎秆强度和抗倒伏能力，减轻病害；研发出氮素诊断及变量追施技术，氮肥偏生产力提高35%~45%；创建了以"养根、护叶、增粒重"为目标的适度控水延衰增粒重技术，增产5%~7%，节水15%~20%。

3. 研制出系列配套机具和关键部件，实现农机农艺深度融合

优化了驱动耙、深松刀等关键部件，创制出以铧式犁深翻与动力耙碎土组合为核心的二次镇压施肥播种一体机，研制出耕层优化等深匀播系列机具，显著提高了整地播种作业质量和效率，降低了生产成本，为技术成果的大面积应用提供了装备支撑。

4. 集成创建了小麦壮根调冠抗逆高效技术体系，进行大面积应用

耕作条件下，选用抗逆广适多穗型品种→"碎土整平二次镇压"技术播种→冬前镇压及浇越冬水→返青期镇压→氮素诊断及变量追施→病虫害防治。

免耕条件下，选用抗逆广适多穗型品种→"耕层优化等深匀播"技术播种→浇越冬水→氮素诊断及变量追施→病虫害防治。

三、推广应用

上述技术体系增产13%～18%，氮肥利用效率提高12%～15%，作业成本降低15%～20%。授权专利28件，其中，发明专利11件，机械鉴定证书52项，软件著作权9项；著作3部；山东省农业主推技术1项，山东省地方标准3项，累计推广7 793万亩；近3年，研发销售配套农机具13 765台（套）；培训基层农技人员、新型职业农民19.2万人次。

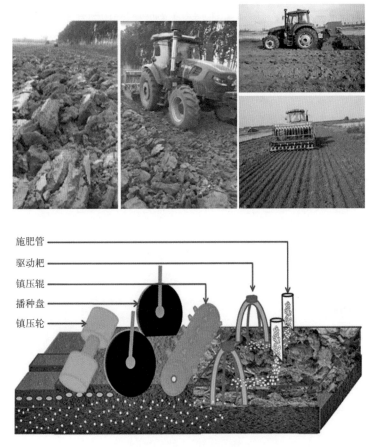

碎土整平二次镇压技术

主要完成单位：山东省农业科学院、山东省农业技术推广总站、山东大华机械有限公司、潍坊悍马农业机械装备有限公司、山东郓城工力有限公司

主要完成人：王法宏，孔令安，冯波，李华伟，李升东，张宾，王宗帅，司纪升，于安军

通信地址：山东省济南市工业北路202号

联系电话：0531-66659256

济薯25、济薯26甘薯新品种选育与应用

一、技术成果水平

该成果获山东省科技进步奖二等奖。

二、成果特点

甘薯是我国重要的粮食和工业原料作物，常年种植面积约4 500万亩，淀粉加工和鲜食用比例占90%以上，项目组针对生产上优异资源匮乏、专用品种品质差、栽培技术不配套等问题，以选育优质专用多抗品种为核心，创制和筛选优异种质，培育专用新品种，创新脱毒种苗繁供体系及配套栽培技术，大面积推广应用，促进了甘薯产业转型升级。

一是构建出国际上密度最高的甘薯分子标记连锁图谱，建立分子标记辅助育种技术，创制了一批优质、多抗的育种材料。

二是培育出的济薯25实现了高淀粉与产量抗病聚合的重大突破；济薯26实现了产量品质同步大幅度提升，品种经营权以500万元/5年全国同行业最高价格转让。

三是首创"东种西繁"甘薯脱毒种薯繁供体系，集成了高产配套栽培技术，促进了新品种大面积推广应用。

三、推广应用

育成品种在山东、河南、河北、陕西、福建等主产区省市推广面积达到1 345.5万亩，新增经济效益55.67亿元，其中，加工效益新增5.5亿元。

主要完成单位：山东省农业科学院作物研究所，中国农业大学，济宁市农业科学研究院

主要完成人：王庆美，张立明，刘庆昌，侯夫云，张海燕，段文学，董顺旭，汪宝卿，黄成星，秦桢，解备涛，李爱贤

通信地址：山东省济南市工业北路202号

联系电话：0531-66659256

济薯25

济薯26

花生连作障碍消减和高产增效关键技术创建及应用

一、技术成果水平

该成果获山东省科技进步奖二等奖，第三方评价项目整体居同类研究的国际领先水平。

二、成果特点

历经14年攻关研究，在花生连作障碍机理研究和消减连作障碍关键技术创新方面取得重要突破。

1. 揭示了化感物质对花生根际微生态环境演替变化的作用机制

发明了研究花生根系分泌物化感物质的装置与方法，首次从花生根系分泌物和连作土壤中分离鉴定出肉桂酸、邻苯二甲酸、对羟基苯甲酸等6种花生主要化感物质，发现根系分泌物的化感作用是造成连作土壤微生物区系失衡和病原菌累积的直接原因，是连作土壤酶活性降低和养分失调的主要原因之一，揭示了化感物质对花生根际微生态环境演替变化的化感机制。

2. 阐明了化感物质对花生生长发育与品种间连作抗性差异的化感机制

明确了花生根系分泌物对自身生长发育存在明显的自毒作用，主要通过抑制根系活力、光合特性和影响膜功能而阻碍花生的生长发育。大小花生品种存在较为明显的连作抗性差异，主要原因是根系分泌的化感物质种类和数量不同，且对连作年限的响应也存在差异。

3. 探明了主要农艺措施和微生物消减花生连作障碍的调控效应

明确了有机无机肥配施、冬闲压青、耕层翻耕和玉米花生宽幅间作等措施对减少连作花生根际化感物质的作用，对土壤理化性质、花生光合生理特性、物质积累和产量品质的调控效应。研发出生物有机肥、专用有机肥和调理剂，并获得肥料登记证和发明专利。

4. 创建出中低产田冬闲轮作、中高产田玉米花生宽幅间作轮种、高产田深耕改土三套消减连作障碍的技术，建立了花生连作高产栽培技术体系

千亩技术应用示范田产量达到411.8千克/亩，较常规连作田增产17.1%，缓解了花生连作障碍，实现了增产增效。

三、推广应用

近6年来成果累计推广2 011.7万亩，增产74.7万吨，新增利润27.2亿元，大

幅提高了连作条件下花生的生产水平，为推动我国花生产业健康可持续发展作
出了重要贡献。

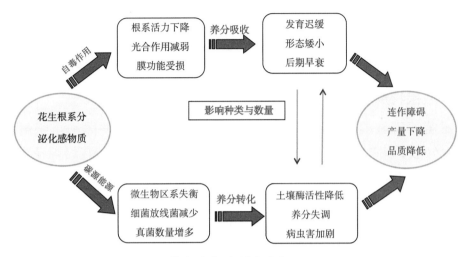

花生连作障碍发生机理

主要完成单位：山东省农业科学院农业资源与环境研究所，山东省农业科学院生物技术研究中心，史丹利农业集团股份有限公司，山东省花生研究所，山东省农业科学院原子能农业应用研究所，山东农业大学，山东省农业科学院作物研究所

主要完成人：刘苹，郭峰，万书波，孟维伟，孟静静，唐朝辉，杨东清，于天一，陈建爱

通信地址：山东省济南市工业北路202号

联系电话：0531-66658270

棉花集中成熟绿色高效栽培关键技术创建与应用

一、技术成果水平

该成果获山东省科技进步奖二等奖。

二、成果特点

针对黄河流域棉区传统"早播稀植"栽培棉花基础群体小、肥料利用率低、结铃分散、集中采收难，西北内陆棉区传统"矮密早"栽培棉花水肥投入大、化学脱叶效果差、机采籽棉含杂率高、残膜污染重等突出问题，以轻简节本、绿色高效为目标，创建棉花集中成熟绿色高效栽培关键技术并大面积推广应用，促进了我国棉花生产由传统劳动密集型向现代绿色高效型的重大转变。

一是探明了棉花单粒穴播、精准浅播的壮苗机理，创建了单粒穴播壮苗早发技术，实现了"种"的绿色高效。

二是阐明了棉花绿色高效栽培管理的机理，创立了免整枝和水肥高效运筹等促集中成熟的关键技术，实现了"管"的绿色高效。

三是首创棉花集中成熟高效群体，集成建立了棉花集中成熟绿色高效栽培技术体系，攻克了集中（机械）收获的瓶颈，实现了"收"的绿色高效。首创"增密壮株型""直密矮株型"和"降密健株型"三种棉花高效群体及其指标体系，阐明了高效群体集中成熟、高效脱叶的机制。建立黄河流域一熟制棉花"增密壮株"绿色高效栽培技术，长江流域与黄河流域两熟制棉花"直密矮株"绿色高效栽培技术，西北内陆棉花"降密健株"绿色高效栽培技术。平均省工30%～50%，增产5%～10%，减少水肥药等物化投入10%～15%，残膜回收率提高了20个百分点，人均管理棉田规模提高了5～8倍。

三、推广应用

入选全国农业主推技术。累计推广6 867万亩，新增经济效益187亿元。

主要完成单位：山东棉花研究中心，河北农业大学，石河子大学，新疆利华（集团）股份有限公司

主要完成人：董合忠，王桂峰，罗振，张冬梅，李存东，张旺锋，崔正鹏，迟宝杰，赵红军

通信地址：山东省济南市工业北路202号

联系电话：0531-66659505

圣稻系列优质高产抗病水稻新品种选育及应用

一、技术成果水平

该成果获山东省科技进步奖二等奖。

二、成果特点

水稻是山东优质高效粮食作物，山东水稻属于黄淮稻区，该稻区常年种植2 000万亩，是我国重要的优质粳稻产区。项目执行期间，生产上面临的主要问题：一是急需适于机插和直播的中早熟品种，稻瘟病、条纹叶枯病等为害严重，稻米品质一般；二是劳动力短缺，用工成本上升，农药化肥施用量大，绿色轻简栽培技术不配套等。针对上述问题，本项目开展了高效育种技术创建、优质高产广适粳稻新品种选育、绿色高效栽培技术配套等研究，主要特点如下。

一是创新优质抗病高效育种技术体系。

二是创制优质抗病核心种质圣06134、圣稻301等10余份，综合利用多种育种技术，培育出圣稻系列品种5个。

三是针对圣稻系列品种特性，研究集成了机插秧、直播、肥料减施、病虫害绿色防控等配套栽培技术。制定《水稻全程机械化生产技术规程》（DB37/T 3441—2018）等山东省地方标准4项，形成了水稻绿色高效生产技术规范。

圣稻18

三、推广应用

创新科企合作成果转化新模式，累计实现成果转化收益780.1万元。2017—2019年，在山东、江苏、河南、安徽省累计推广应用1 110.2万亩，获社会经济效益16.65亿元。品种审定以来，累计推广应用2 351.3万亩，获社会经济效益35.27亿元。

主要完成单位：山东省水稻研究所、山东省农业科学院生物技术研究中心

主要完成人：杨连群，陈峰，朱文银，徐建第，姜明松，刘奇华，周学标，张士永，赵庆雷

通信地址：山东省济南市工业北路202号

联系电话：0531-66659363

大蒜全程机械化生产技术装备研发与应用

一、技术成果水平

该成果获山东省技术发明奖二等奖。

二、成果特点

该成果属于农业机械领域。围绕种子加工、播种、收获、蒜头分选4个大蒜全程机械化生产关键环节，针对大蒜机械化生产过程中存在蒜种破瓣分级损伤严重、直立栽种和收获环节缺乏技术装备、蒜头分级效率和精确率低的瓶颈问题，完成人历经14年的协同攻关与系统研究，突破了种子加工、播种、收获、蒜头分选环节系列关键技术，发明了低损分瓣分级、直立精量播种、低损高效收获、蒜头清洁精准大蒜机械化生产新技术，自主开发了双层锥形硅胶破瓣、锥形自适应调整定向、链勺式取种、锥形杯自适应调整定向、双偏心盘直立下栽、齿形链夹送铺放装置、仿形切割挖掘机构、往复旋型振动等多种装置，创制了大蒜种子分瓣分选机、直立栽种播种机、收获机和分选机4个大类32种型号的新型装备，均通过了省级以上农业机械检验鉴定部门的性能检测，各项性能指标均达到或优于相关标准要求，产品销往全国各地，出口美国、西班牙、俄罗斯等10余个国家和地区，经用户使用反映良好，经济效益显著。

三、推广应用

近3年累计销售各类产品2 843台套，新增销售额8 249.26万元、新增利润2 474.77万元，累计推广面积740万亩，创造间接经济效益70亿元。经第三方权威机构评价，成果整体技术处于国内领先水平，其中大蒜直立精量播种技术处于国际领先水平，填补国际空白，增强中国大蒜在国际市场的优势地位，创造巨大的经济和社会效益。

主要完成人：荐世春（山东省农业机械科学研究院），崔荣江（山东省农业机械科学研究院），王小瑜（山东省农业机械科学研究院），孔凡祝（山东省农业机械科学研究院），辛丽（山东省玛丽亚农业机械有限公司），徐文艺（山东省农业机械科学研究院）

通信地址：山东省济南市桑园路19号

联系电话：0531-88617507

大蒜播种、收获机械

鉴别阿胶中多种动物源性的引物探针组合物、试剂盒及多重实时荧光定量PCR检测方法

一、技术成果水平

该成果获山东省专利奖二等奖。

二、成果特点

本发明专利首次采用多重实时荧光PCR法定性检测阿胶中驴、马、牛、和猪4种动物源性，参评专利与组合的外围专利一起，解决了阿胶原料及阿胶中微量DNA的提取及源性鉴定的难题，属国内首创技术。

此专利在此成果已在东阿国胶堂、山东宏济堂和北京同仁堂3家阿胶企业成熟应用和推广达5年，为东阿国胶堂建立了企业内部质控标准；2019年9月，山东东阿国胶堂阿胶药业有限公司依托成果所在单位山东省农业科学院生物技术研究中心建设山东省农业科学院东阿国胶堂中药博士科研工作站，科企深入合作；2019年7月，与山东省食品药品检验研究院联合获批"国家药品监督管理局胶类产品质量控制重点实验室"，标志着行业监管部门的认可；2019年10月，发布了团体标准《阿胶质量DNA控制规范》（T/SDAS 90—2019），标志着技术从几家企业的应用扩展到行业应用。

三、推广应用

此专利获得直接经济效益400万元，大大提升了产品的质量，增加了企业的产值，为企业带来效益，企业在行业内的影响力大大提高，同时促进了整个阿胶行业的有序发展。

主要完成单位：山东省农业科学院生物技术研究中心

主要完成人：步迅，张全芳，刘艳艳，范阳阳

通信地址：山东省济南市工业北路202号

联系电话：0531-66659861

花生油脂品质形成的分子机理与高油新品种创制

一、技术成果水平

该成果获得山东省科技进步奖二等奖，获得国家发明专利6项、实用新型专利1项；发表学术论文38篇，其中，SCI收录10篇；审（鉴）定花生新品种3个。

二、成果特点

针对花生产业发展存在品种含油量低、油脂品质亟待改善以及花生分子育种水平亟需提升等问题，系统阐释了花生脂肪酸合成及油脂积累途径关键基因的调控模式及分子机理，探明了花生高油酸性状形成的遗传基础，开发了相应的分子标记及高通量检测技术，创建了油脂品质性状分子改良的技术体系，为创制高油酸花生新种质提供了理论和技术支撑。

运用常规育种与分子标记辅助选育相结合的方法，创制高油酸花生新品系11个、高油花生新品种3个。创制的11个高油酸花生新品系，油酸含量均高于75%，部分品系已被国内多家单位引进和利用。其中，新品系潍花23号（原代号O38-2）的含油量高达58.7%，油酸含量高达81.7%，为高油、高油酸双高花生新品系。育成潍花14号、潍花15号和潍花16号3个高油新品种，其中，潍花

花生新品种

14号和潍花16号通过山东省品种审定和国家品种鉴定，并被列为山东省农业主导品种；潍花15号通过国家品种鉴定。潍花14号，属普通型早熟小花生品种，含油量54.92%；潍花15号，属特早熟珍珠豆型小花生，含油量55.5%；潍花16号，属早熟大花生品种，含油量58.34%，比国家高油标准高3.3个百分点。优化集成了品种配套的高产栽培技术各1套，为品种大面积推广提供技术支撑。

三、推广应用

该项目共获得国家发明专利6项、实用新型专利1项；发表学术论文38篇，其中，SCI收录10篇；审（鉴）定花生新品种3个，累计推广面积1 100余万亩，新增经济效益13.37亿元。

完成单位：山东省农业科学院生物技术研究中心，山东省潍坊市农业科学院
主要完成人：单雷，付春，彭振英，鲁成凯，唐桂英，徐平丽，宋晓峰，姜言生，柳展基
通信地址：山东省济南市工业北路202号
联系电话：0531-66659861

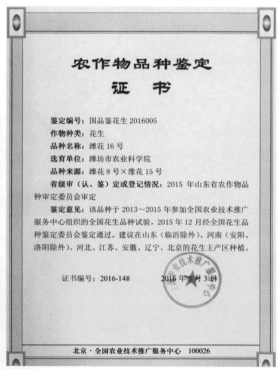

证书

板栗新品种选育与提质增效关键技术创新及应用

一、技术成果水平

该成果获得山东省科技进步奖二等奖，发表论文55篇，授权专利12件，其中，发明专利4件，获软件著作权6项，制定行业标准1项，主编科技著作2部，培训技术人员1.8万人次，发放技术资料2.1万册。

二、成果特点

首次利用Pacbio和HIC技术组装出国际上准确度和完整度最高的基因组参考序列，明确基因组大小为688.93Mb且Contig N50达到2.83Mb，将99.75%的序列进行定位，为板栗分子育种奠定基础。建立板栗群体等位基因分析方法，明确了秦巴山区野板栗居群遗传多样性特征。探明板栗花粉-20℃的最适冷冻保存与培养技术。利用套袋点授与封闭隔离授粉技术创制出多组合大群体新种质，选育出137个新品系构建了板栗种质资源保护与育种利用平台，建立育种技术体系。

采用定向实生选种技术，历经近20年，在构建的实生群体资源中育成不同成熟期的9个板栗新品种，全部通过省林木品种审定，其中，'东岳早丰''岱岳早丰''红栗2号'3个品种通过国家审定。新品种有效解决了板栗生产中优质早熟品种短缺的问题，在成熟期、优质、丰产、易修剪、耐瘠薄、观赏性等主要性状方面有重大突破，品种创新突出，为板栗品种更新换代提供支撑。

板栗新品种

明确了板栗产量、品质形成机理及水肥调控机制，发明了开槽腹接、单芽绿枝接和可降解容器育苗技术，创建了板栗高接和苗木高效繁育技术体系，加快了良种的推广应用；集成高光效树形、水肥一体化和保花保果关键技术，制定了新品种提质增效配套栽培技术规程。

三、推广应用

新品种新技术已在山东泰安、临沂、枣庄、莱芜以及河北、北京、重庆等产区累计示范推广62万余亩，获经济效益14.4亿元。经济、社会和生态效益显著。本项目主要成果经专家评价，在板栗优异种质创制与特色新品种选育及绿枝嫁接方面有明显创新，总体研究居国际先进水平。

完成单位：山东省果树研究所

主要完成人：沈广宁，田寿乐，孙晓莉，王金平，许林，艾呈祥，亓雪龙，赵春磊，明桂冬

通信地址：山东省泰安市龙潭路66号

联系电话：0538-8266650

山东大豆种质资源收集保存与创新利用

一、技术成果水平

该成果获得山东省科技进步奖二等奖，创制出大豆新种质53份、新品系23个，审定新品种3个。

二、成果特点

大豆是我国重要的植物蛋白和油料来源。项目组针对山东省大豆种质资源保存分散、鉴定评价不足、挖掘创新不够、研用衔接不紧密等问题，开展了大豆种质资源收集保存、鉴定评价、种质创新、共享利用等系统研究，取得了一系列创新成果。首次对山东大豆种质资源进行了全覆盖调查收集并统一保存，创立了我国区域代表性大豆种质库，创建了大豆种质资源安全高效保存技术体系。建立了种质资源综合鉴定评价技术体系，构建了山东省大豆育种核心种质，创立了山东省首个大豆种质资源高效共享利用体系。创制出大豆新种质53份、新品系23个，审定新品种3个。

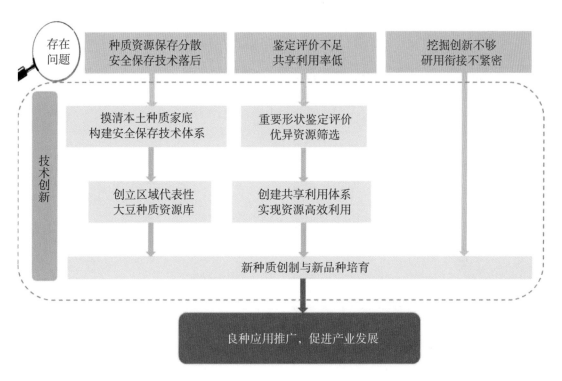

大豆种质资源综合鉴定评价体系

三、推广应用

该成果研发的技术有重大创新，形成的技术和资源在省内外30多家单位得到应用，培育的新品种累计推广2 051.10万亩，新增经济效益35.89亿元，近3年，累计推广应用1 193.00万亩，新增经济效益20.78亿元，产生了显著的社会效益和经济效益，对推动行业科技进步和促进大豆产业发展有重大意义。专家组认为，项目取得的创新性成果整体达到国际先进水平。

完成单位：山东省农作物种质资源中心，临沂市农业科学院，山东省潍坊市农业科学院

主要完成人：丁汉凤，李娜娜，刘玉芹，曹其聪，宫永超，蒲艳艳，张素梅，陈雪，王栋

通信地址：山东省济南市工业北路202号

联系电话：0531-66659677

大白菜优异种质资源挖掘、创新与系列新品种选育

一、技术成果水平

该成果获得山东省科技进步奖二等奖，获授权国际发明专利1项、国家发明专利8项、外观设计专利2项、实用新型专利1项，申报国家发明专利6项。发表学术论文39篇，其中，SCI收录10篇，出版专著2部。

二、成果特点

挖掘了9个与耐抽薹性、橘红心、叶球大小以及耐热性密切相关的功能基因，明确了相关重要农艺性状的分子调控机制及遗传规律，丰富了大白菜育种理论。建立了基于上述基因功能及表达分析的种质资源快速评价技术，利用该技术将种质筛选的年限缩短1～2年。

在全基因组水平上开发大白菜新EST-SSR 2 744个，获得与球内叶橘红色紧密连锁的InDel标记1个，SNP标记1个；获得了与抗根肿病（BrTCR1）、软腐病（BRS1）、霜霉病（BRDM2）、TuMV病毒病（BRRV）、耐抽薹性（BRRB）及耐热性（BRRH）连锁的分子标记；筛选出了与叶球扣抱（BRF）、无叶毛（BRNH）、亮绿色（BRNW）连锁的分子标记。

建立了分子辅助育种与常规育种相结合的高效定向聚合杂交育种技术体系，使育种年限缩短2～3年，育种效率显著提高。创制了高产、多抗优良自交系20个，创制了耐抽薹、多抗自交系30个，创制了橘红心、多抗自交系30个，为优质抗病新品种选育奠定了基础。

利用创制的优异种质，育成了高产、优质、多抗专用型大白菜新品种9个，其中，高端、特色橘红心品种2个，耐抽薹、抗病性强的春播品种1个，耐热、抗病性强的秋早熟品种4个，高产、抗病性强的秋晚熟品种2个。这些品种中，8个通过了国家鉴定或省级审定，1个获得了省级品种备案登记证书。

通过Pol CMS雄性不育、苗期去杂以及甲基磺酸乙酯（EMS）杀雄三项技术，建立了大白菜高纯度繁种技术体系；研究建立了以EST-SSR分子标记技术为核心的种子纯度和真实性鉴定分子检测技术体系；针对不同品种制定了高产高效配套栽培技术要点。

三、推广应用

以山东登海种业股份有限公司西由种子分公司、青岛和丰种业有限公司为

骨干，联合其他省内外种子企业经营推广，产学研密切结合。新品种累计推广771.9万亩，增加经济效益52.1亿元，经济、社会和生态效益显著。

完成单位：山东省农业科学院蔬菜花卉研究所，山东登海种业股份有限公司西由种子分公司，青岛和丰种业有限公司

主要完成人：高建伟，张一卉，邓永林，李化银，王凤德，孙令强，徐少君，李景娟，李洪霄

通信地址：山东省济南市工业北路202号

联系电话：0531-66659309

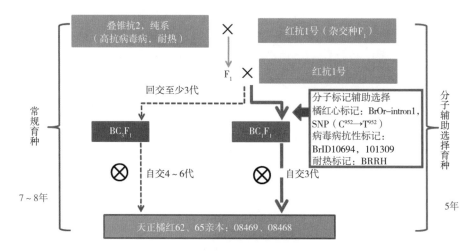

优异种质创新途径

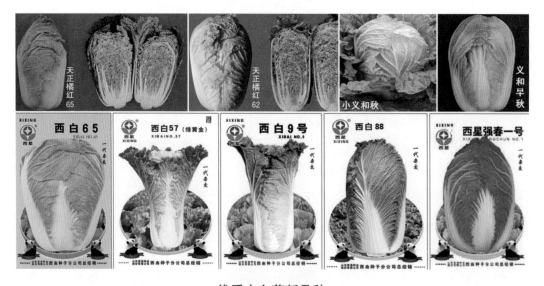

优质大白菜新品种

花生远缘不亲和野生种利用关键技术与新品种培育

一、技术成果水平

该成果获得山东省科技进步奖二等奖，获授权发明专利2项、植物新品种权1项，计算机软件著作权5项；主编和参编专著8部，发表学术论文56篇（其中，SCI/EI收录15篇）。

二、成果特点

创立幼胚原位拯救技术，攻克了花生不亲和杂种早期胚败育和杂种夭亡、不育的难关，获得5个远缘不亲和野生种与栽培种的种间杂种。该技术可操作性强，在授粉后即开始对植株进行处理，比国内外普遍采用的离体胚拯救技术提早介入7～30天，利于克服更早时期的杂交不亲和障碍，并提高杂种育性。将获得真杂种的时间由离体胚拯救技术的120～140天缩短到50～60天，成功率由不足7%提高到12.5%以上，且F_1可育株率不低于90%。

创新花生抗性和品质鉴定方法，为聚合远缘不亲和野生种和其他来源的优良性状提供了选择手段。发明花生青枯病抗性鉴定方法，可在测定单株生产力的同时进行抗性鉴定；建立优化近红外定量分析模型，解决了过去模型建模样品代表性不足、指标不全、不便早代选择或不能实现多指标一次测定等问题，实现了花生自然风干单粒和多粒种子主要品质性状多指标同时选择；建立花生高油酸分子标记辅助选择技术，识别同时携带*FAD2A*和*FAD2B*突变型基因的中油酸个体，提高了获得抗逆高产高油酸后代的机会。

在获得高度可育不亲和杂种的基础上，探索出4条利用花生远缘不亲和野生种的育种途径，解决了不亲和杂种后续利用困难的问题，继国内外利用近缘野生种育成品种之后，率先利用花生远缘不亲和野生种与栽培种杂交育成抗逆优质高产新品种，进一步拓宽了花生野生种利用的范围。

三、推广应用

利用花生不亲和野生种创制抗逆、高产、优质、适合机收的花生新种质238份，提供给国内6家科研、教学和育种单位利用，育成抗逆优质高产新品种8个，累计推广2 267.0万亩，新增产量6.1亿千克，新增经济效益37.4亿元，其中，2014—2016年3年内累计推广1 145.7万亩，新增产量3.08亿千克，新增经济效益18.2亿元。

完成单位：山东省花生研究所

主要完成人：王传堂，张建成，唐月异，王秀贞，吴琪，孙全喜，崔凤高，王志伟，孙旭亮

通信地址：山东省青岛市万年泉路126号

联系电话：0532-87629310

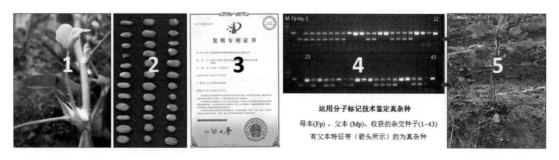

花生远缘不亲和野生种育种途径及真杂种鉴别

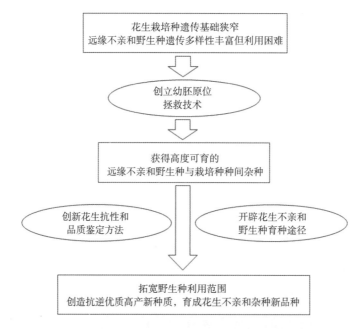

花生远缘不亲和野生种利用关键技术路线图

花生优异突变体的创制与新品种培育

一、技术成果水平

该成果获得山东省科技进步奖二等奖，发表论文61篇，其中，SCI收录19篇；会议摘要37篇；获得授权国家发明专利3项；获得新品种权2项。

二、成果特点

利用物理和化学诱变方法创制了一个包含3万多个个体的花生突变体库，获得了一批含油量、油酸含量、蛋白含量、种子大小、抗病、耐盐等重要农艺性状发生变异的突变体，丰富了花生的种质资源，为优良品种的培育提供了基础材料，也为花生功能基因克隆和遗传学研究提供了宝贵材料；完成了突变体的表型鉴定和登记，建立了突变体库的信息数据库，并建立了花生突变体的共享平台网站，促进了突变体材料的共享和高效利用；从花生突变体库中筛选和创制了一批具有高油、高油酸、抗病和耐逆的花生新种质。

克隆了与花生发育、耐逆、抗病相关的基因40多个，阐明了这些基因的表达模式，为利用基因工程创新花生种质提供了基因资源；克隆了花生根特异表达的启动子，为基因工程改良和基因功能研究提供了有力的工具；建立和优化了花生花器注射转化法，与离体培养方法相比，大幅度提高了花生转基因效率，获得一批转化后代，为基因功能研究和利用生物技术创新花生种质提供了支撑。

利用优异的花生突变作亲本，运用常规杂交和分子标记检测技术，育成高产、优质、抗病大花生新品种潍花11号。通过对种质资源进行遗传背景和配合力分析，配制杂交组合，对农艺性状实行复合选择，育成潍花9号和潍花10号花生新品种；根据3个品种的生育特点，开展了密度、配方施肥、化控和叶斑病防控等配套栽培技术研究，创制高产栽培技术规程，实现了良种良法配套；创建了北方花生一年两季高倍繁育技术规程，良繁系数达到200倍以上，提高了良繁效率。

三、推广应用

潍花系列花生品种及配套技术在山东、河南、河北、安徽等花生产区累计推广面积2 186万亩，新增经济效益46.77亿元。先后为临沂大学、仲恺农业工程学院、广西农业科学院等单位提供突变体、基因序列、花生遗传转化技术20余次。突变体、基因资源的共享和技术交流得到了国内外同行的一致认可，产生了良好的社会效益。山东农学会组织专家对该成果进行了第三方评价，评价组专家一致认为，该成果居同类研究的国际领先水平。

完成单位：山东省农业科学院生物技术研究中心，山东省潍坊市农业科学院，山东圣丰种业科技有限公司

主要完成人：王兴军，付春，夏晗，鲁成凯，侯蕾，赵传志，赵术珍，高新勇，姜言生

通信地址：山东省济南市工业北路202号

联系电话：0531-66659861

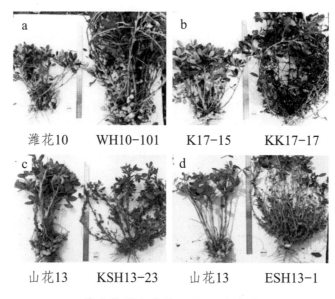

花生优异突变体及新品种培育

潍花系列花生品种

优质设施西瓜甜瓜系列新品种选育及高效栽培技术

一、技术成果水平

该成果获得山东省科技进步奖二等奖，成果5个新品种通过山东省审定，1个获新品种保护权，获国家发明专利4项、实用新型专利2项，在国内外学术期刊发表论文78篇，主编、编著书籍11部。制订了《绿色食品大拱棚西瓜生产技术规程》（DB37/T 1411—2009）等地方标准6个。

二、成果特点

通过有性杂交和分子育种技术，创制出了优异西甜瓜新种质86份。其中，有抗病抗裂西瓜'1-8＃'、短蔓西瓜'短蔓七号'、抗逆性强的甜瓜'XT-13'、优质黄皮大果厚皮甜瓜'（黄田×红宝）-1-1-3-1-2-1'、脆肉高糖厚皮甜瓜'T8-21'等核心种质。利用这些种质育成了一系列西甜瓜新品种。

明确了不同香型甜瓜和不同瓤色西瓜中的差异性挥发性风味物质。首次确认在麝香型甜瓜品种中挥发性物质主要是（Z）-乙酸-3-己烯-1-醇、乙酸己酯和甲酸辛酯等，清香型甜瓜品种中主要是苯甲酸乙酯、2-苯基乙酸乙酯等。黄瓤西瓜较红瓤西瓜的酯类物质和烯类物质含量高，红瓤西瓜较黄瓤西瓜的酮类物质含量高。由于不同西甜瓜品种果实中酯类、烯类、酮类等种类、含量不同，导致了各自独特的风味和香型。研究结果已应用到了西甜瓜风味品质的改良中。

育成了适合设施栽培，早熟或中熟，皮色、肉（瓤）色、肉（瓤）质等性状各异的优质西甜瓜系列新品种10个。西瓜品种有抗病抗裂中果型红瓤品种'鲁青七号'、小果型红瓤品种'甜蜜蜜'、小果型黄瓤品种'新兰'、红瓤品种'瑞风'；甜瓜品种有黄皮大果品种'鲁厚甜4号'、高糖脆肉品种'天蜜脆梨'、白皮大果品种'晶莹雪'、网纹橘红肉品种'美多'、黄皮白肉品种'金玉'、网纹淡绿肉品种'美琪'。这些品种含糖量高，风味佳。多数品种优于国外对照品种，已经替代了部分进口种子。

研究提出了西甜瓜多层覆盖、整枝留瓜、果实套袋和蜜蜂授粉等技术，建立了以早熟、优质、安全、高效为核心的设施西甜瓜栽培技术体系。研究明确了多层覆盖促进西甜瓜早熟栽培的效果，研制出了促进西甜瓜早熟栽培的多层覆盖暖棚和向阳暖棚；探明了瓜秧打顶、留瓜节位对甜瓜产量、品质的影响，提出了甜瓜早熟整枝方法和持续高产分层留瓜方法；提出了西瓜简约化整枝留瓜方法；首次研究明确了甜瓜套袋对提高果实外观品质和减少农药残留的作用；研究明确了蜜蜂授粉具有减少用工成本和提高果实品质的效果。这些技术为实现西甜瓜设施栽培的优质高效和质量安全提供了技术支撑。

三、推广应用

新品种、新技术累计在山东、河南、安徽等地推广418.8万亩，获得经济效益30.2亿元。在适合设施栽培的优质、特色甜瓜和西瓜种质创新及新品种选育方面达到国际领先水平。

完成单位：山东省农业科学院蔬菜花卉研究所，山东省寿光市三木种苗有限公司，山东商道生物科技有限公司，潍坊创科种苗有限公司，莘县捷丰蔬菜技术服务有限公司

主要完成人：焦自高，刘树森，王崇启，董玉梅，孙立华，肖守华，李文东，魏家鹏，孙建磊

通信地址：山东省济南市工业北路202号

联系电话：0531-66659309

| 山花13 | 甜蜜蜜 | 新兰 | 瑞丰 |

| 美琪 | 鲁厚甜4号 | 天蜜脆梨 | 晶莹雪 |

| 金玉 | 美多 |

优质设施西瓜甜瓜系列新品种

动物源细菌抗药性监测溯源与防控关键技术研究及应用

一、技术成果水平

该成果获得山东省科技进步奖二等奖，获国家新兽药证书二类3项、三类2项，农业部批准文号5个，制定新兽药国家标准5项、药敏试验地方标准1项；获授权专利17件，其中，发明专利8件；发表论文105篇，其中，SCI收录25篇，《细菌抗药性》等专著6部；Varms网站www.varms.org获软件著作权2项，拥有自主的抗药性数据库；列入农业部抗药性监测计划单位，为全国遏制动物源细菌抗药性提供了技术支撑。

二、成果特点

针对动物源细菌抗药性理论研究薄弱、缺乏药敏试验标准和适合的检测技术、亟需高效防控产品等突出问题，通过10多年的协同攻关，在抗药性基因及其转移元件的传播特征、智能化药敏检测仪以及快捷药敏检测盒、兽医药敏试验标准、针对抗药性流行菌株创制新疫苗和新抗菌药物等方面取得重要突破，创建了适合我国特点的兽医药敏试验技术体系、实时在线的兽医抗药性监测网

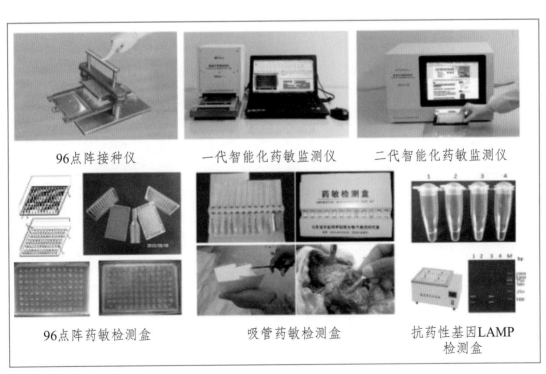

96点阵接种仪　　　　一代智能化药敏监测仪　　　　二代智能化药敏监测仪

96点阵药敏检测盒　　　　吸管药敏检测盒　　　　抗药性基因LAMP检测盒

Varms抗药性检测技术体系

（Varms）及抗药性数据库，攻克了精准用药难题，促使Varms成员企业细菌抗药性和治疗费用大幅度降低，提高了抗药性的监管成效和公众认知度。

三、推广应用

在山东省全面建立Varms监测防控体系，推广应用新兽药，降低抗菌药物使用成本10%以上，总经济效益达55.27亿元，其中，新兽药在国内外累计销售2.19亿元。

完成单位：山东省农业科学院畜牧兽医研究所，齐鲁动物保健品有限公司，中国农业大学，山东华宏生物工程有限公司，山东大学

主要完成人：刘玉庆，孔梅，吴聪明，齐静，骆延波，王晓丽，黄保华，胡明，张印

通信地址：山东省济南市工业北路202号

联系电话：0531-88967665

几种特色益生菌菌株生物转化技术及产业化应用

一、技术成果水平

该成果获得山东省科技进步奖二等奖，授权发明专利10项，软件著作权2项，制定企业标准2项；在一区JBC、JAFC等杂志发表论文20篇，其中，SCI收录9篇，影响因子总计29.72，最高影响因子4.57。

二、成果特点

定向选育出肠道定植能力强、抑菌活性及生物转化率高、益生特性显著的乳杆菌 *Lactobacillus perolens* BL1、鼠李糖乳杆菌 *Lactobacillus rhamnosus* BL2、共生体益生菌肠膜明串珠菌 *Leuconostoc mesenteriodies* SR-19和肠球菌 *Enterococcus durans* CR-29 等优良益生菌株；阐明了相关菌株葡聚蔗糖酶的催化机制，建立了生物法高效合成高分支度葡聚糖类益生元的技术。

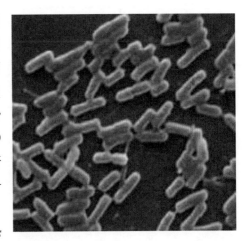

创制了基于乳杆菌 *Lactobacillus perolens* BL1和 *Lactobacillus rhamnosus* BL2的特色果蔬生物转化技术，其中，黄酮苷山奈酚-3,4'-双-O-β-D-葡萄糖苷的生物转化率达到98.8%，转化产物山奈酚含量提高约170倍，显著提高了果蔬原料活性物质的利用度；建立了共生体益生菌规模化发酵技术和活菌干燥技术，首次研发出高活性共生体益生菌发酵剂。

创制了共生体益生菌菌剂、益生菌发酵、饲用复合微生态制剂三类系列产品，建立了具有核心竞争力的益生菌生物转化及产业化应用技术体系。

三、推广应用

研发的13个产品和相关技术在山东、吉林、北京等地的11家企业推广应用。项目成果推广以来，累计实现经济效益11.81亿元。近3年新增销售额5.83亿元，新增利润1.26亿元，新增税收5 671.38万元。

完成单位：山东省农业科学院农产品研究所
主要完成人：陈蕾蕾，裘纪莹，陈相艳，周庆新，孟祥锋，赵双枝，

周英俊，苏政波，郭聘洋，刘孝永，王军华，祝清俊
　　通信地址：山东省济南市工业北路202号
　　联系电话：0531-66659290

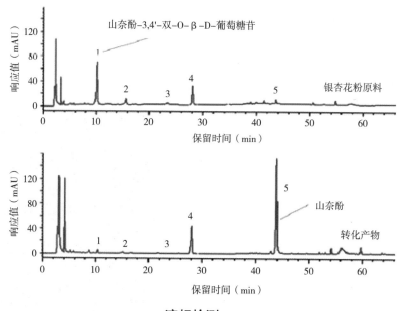

液相检测

基于农田景观的粮棉重大害虫区域性持续治理技术

一、技术成果水平

该成果获得山东省科技进步奖二等奖，发表著作5部，在Global Change Biology等国内外学术期刊发表论文265篇，其中，SCI收录136篇，获授权专利12项（发明专利7项），制订粮棉害虫防控技术标准4项。

二、成果特点

系统研究阐明了农田景观结构（质、量、形、度）对害虫、自然天敌种群重建与维持的作用，发现大面积种植单一作物（质）降低了节肢动物食物网关系的复杂性和群落的稳定性，非作物生境丧失（量）减少了从麦田向玉米田和棉田转移的天敌数量，害虫和自然天敌种群响应农田景观结构单一化（形）的不对称性大大降低了天敌控害作用是导致常发害虫种群持续上升的根本原因，气候变化、肥水过量使用为害虫提供了适宜的环境条件和食物资源。

阐明了新成灾害虫二点委夜蛾和双委夜蛾的田间转移扩散规律及阻断转移节点，明确了玉米穗期复合为害的3种钻蛀性害虫的田间时空分布特征，探明了农田景观中自然天敌转移扩散全过程及限制天敌控害功能的因素，提出了阻断害虫转移和助增天敌控害的区域性治理策略。

研发出新成灾害虫二点委夜蛾、双委夜蛾和绿盲蝽的监测预警技术和防治指标，创新了常发害虫玉米螟的预测预报技术，研发出功能植物、组合天敌释放、隐蔽施药、浅旋耕除虫等关键防治技术，创制出系列高效化学防治技术和专利产品。

基于农田景观中的天敌控害作用，研究集成了"前期隐蔽施药持效控制、后期助增或释放天敌压制、应急高效化学调控"的大宗粮棉作物重大害虫区域性持续治理技术体系，对小麦、玉米、棉花上的主要害虫防治效果均在90%以上，减少化学杀虫剂30%～50%。

三、推广应用

该成果在黄淮海地区推广应用10 545.1万亩，创造经济效益91.17亿元。

完成单位：山东省农业科学院植物保护研究所，中国科学院动物研究所，中国农业科学院植物保护研究所，河北省农林科学院植物保护研究所，山东农业大学

主要完成人：门兴元，戈峰，王振营，李丽莉，党志红，卢增斌，何康来，欧阳芳，叶保华

通信地址：山东省济南市工业北路202号

联系电话：0531-66658225

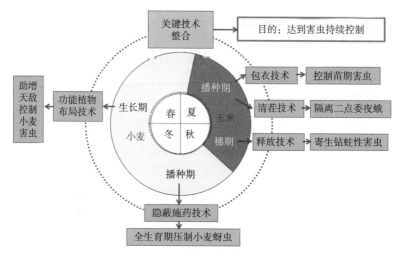

常见害虫持续治理技术（以小麦为例）

黄淮海区域种养业废弃物循环利用关键技术与应用

一、技术成果水平

该成果获得山东省科技进步奖二等奖，获发明专利8项、实用新型专利2项，发表论文67篇，其中，SCI/EI收录12篇，出版著作5部，制订行业与地方标准19项。

二、成果特点

深入揭示了农牧菌废弃物还田下土壤固碳增汇及其增持机制。农牧菌废弃物还田均显著增加土壤碳累积速率、促进碳库增汇及提高土壤活性炭组分在有机碳中比例。秸秆原位还田配合免耕或深松能有效提高土壤大团聚体比例及其稳定性，长期旋耕、深松农田有较大CH_4和N_2O减排潜力。大团聚体数量及其稳定性、关联碳库储量是决定土壤碳库水平的关键因素，碳库增持主要由以土壤团聚体为主体的功能单元完成。

成功研发了种养业废弃物循环利用关键技术。建立了高产粮田秸秆原位还田下周年高效轮耕制度，形成了秸秆原位还田下小麦、玉米减量施肥及耕作与施药周年一体化防治病虫草害技术，在小麦、玉米两季平均减施氮26.8%的前提下，周年增产10.7%，麦田CO_2和N_2O排放量显著降低，地下害虫丰富度—均匀度降低74.6%；创立了粮蔬秸秆与畜禽粪便联合堆肥技术标准，形成了设施蔬菜有机物料减量、化肥精施技术体系，有机无机氮施用量减少60.3%，土壤电导率降低38.2%；发现了秸秆栽培鸡腿菇黑斑病病原菌变种，建立了秸秆培养料供氧发酵与环境调控、覆土与环境消毒及专用药物控制的食用菌霉菌污染与病害安全防控标准化技术体系，菌袋霉菌污染率下降74.3%，病害防治效果达到94.1%。

研制出种养业废弃物循环利用配套新产品。筛选出低温启动型有机物料高效腐熟菌剂，获得具有"修复根际土壤和提高植物抗性"双重功能优良菌2株，发明了高密度原菌液固两相发酵工艺；研发出5套功能型生物有机肥生产关键技术工艺，创制出功能型生物有机肥产品8个，防控蔬菜连作障碍和土壤退化效果显著；研制出秸秆还田小麦、玉米专用肥产品2个，提高了氮肥利用率；筛选出防控秸秆栽培食用菌霉菌污染、病害的高效安全药剂4个，有效防控了秸秆菌业霉菌与菇病为害。

三、推广应用

该成果先后在山东、河北、河南等省累计示范推广5 957.7万亩，利用种养废弃物1 098.2万吨，增加土壤碳储量58.9万吨，减少温室气体排放491.2万吨，新增利润96.4亿元，经济、生态、社会效益显著，整体达到同类研究国际领先水平。

完成单位：山东省农业科学院农业资源与环境研究所，山东农业大学，山东省农业可持续发展研究所，河北省农林科学院遗传生理研究所，河北省农林科学院农业资源环境研究所，石家庄金太阳生物有机肥有限公司，山东谷丰源生物科技有限公司

主要完成人：郭洪海，宁堂原，韩建东，王占武，李新华，王丽英，隋学艳，董晓霞，田慎重

通信地址：山东省济南市工业北路202号

联系电话：0531-66658270

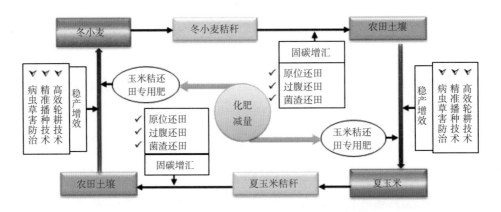

小麦—玉米减量施肥及耕作与施药周年一体化防治病虫草害技术

果蔬中抗氧化、抗炎活性物质制备关键技术及产业化

一、技术成果水平

该成果获得山东省科技进步奖二等奖，发表论文92篇，其中，SCI收录19篇，EI收录2篇，授权发明专利12项，实用新型专利2项，培养研究生12名。

二、成果特点

筛选出富含抗氧化、抗炎活性物质的果蔬原料22种，明确了活性物质的含量及存在规律；确定了粉碎粒度、温度、料液比是决定提取率的关键因素，优化了共性关键技术。创新了不可萃取部分的酸法和碱法提取工艺；首次创制了三萜酸的分散液微萃取方法，1分钟内快速富集，效率提高30倍以上；建立了高灵敏同步检测6种三萜酸的HPLC方法，测限提高到$0.95 \sim 1.36$纳克/毫升，灵敏度提高了1 000倍左右。形成集原料筛选、高效制备工艺、高灵敏度检测方法于一体的技术，有效提取率达90%，平均提取率提高10%，为果蔬资源开发提供了技术支撑。

阐明了活性物质的抗氧化作用机理。主要通过启动细胞内环化酶系统，增强胞内和胞外酶的活性来实现；建立了判定物质是否具有抗氧化特性的蛋白损伤、过氧化酶水平等多终点联合检测方法；明确活性物质与氧化指标之间的相关性表现为ORAC（氧自由基吸收能力）$>O^{2-}>$DPPH（1，1-二苯基-2-苦肼基）$>$ABTS（总抗氧化能力）$>$FRAP（铁离子还原能力），类黄酮含量高的物质其活性高于多酚和多糖，含量与活性呈正相关，确立了量—效关系；糖苷键、分子量、硫酸根、侧链、苯环、羟基等是影响活性的主要因素，确立了构—效关系。为活性物质有针对性利用提供了理论基础。

揭示了活性物质的抗炎作用机理。主要经由NF-κB（核转录因子）通路，通过抑制炎性因子和炎性酶，促进抗炎性因子的分泌和基因表达实现的。首次证明AMPK/SIRT1（磷酸腺苷活性蛋白酶/组蛋白去乙酰化酶1）是抗炎调节一个新靶点，AMPK与SIRT1之间呈正相关；揭示该靶点与NF-κB之间的关系，明确了该靶点与炎症发生的关系，补充完善了活性成分的抗炎机理。

建立了活性物质精准、高值化利用生产技术体系。以"优质资源筛选、高效制备技术确立、功能活性明确、产品分级开发"为主线，建立了活性物质高效制备及利用技术体系，实现了集原料筛选、初加工、精深加工于一体呈链条式、递进式的精准、高值化利用。一是解决原料利用问题，原料附加值提升

2倍以上；二是提取的活性物质经再加工，开发出不同功效的保健功能产品，大大提升了产品的附加值，效益平均可提高4倍以上，延伸到中兽药、饲料等行业。

三、推广应用

成果完成单位建成国内最大10万级GMP车间单元4 500平方米，生产保健食品剂型11个，QS剂型5种，批准保健产品12个，QS产品达52个，制定企业标准10个，获得管理体系认证证书4个。相关技术在山东、江苏等11家企业得到推广应用，2011—2016年累计实现经济效益10.22亿元，经济社会效益显著。

完成单位：山东省农业科学院农产品研究所，曲阜师范大学，东营广元生物科技股份有限公司，山东玉皇粮油食品有限公司

主要完成人：程安玮，王文亮，孙金月，李国梁，刘丽娜，刘超，弓志青，戴华磊，范文静

通信地址：山东省济南市工业北路202号

联系电话：0531-66659290

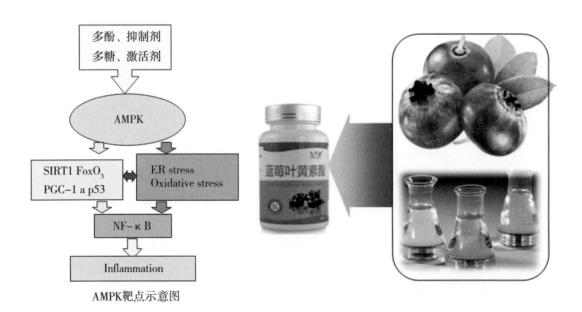

AMPK靶点示意图

抗氧化、抗炎作用机理

几种食用菌副产物高值化综合利用及产业化

一、技术成果水平

该成果获得山东省科技进步奖二等奖，完成单位发表论文45篇，授权发明专利20项，制定企业标准2项。

二、成果特点

食用菌副产物主要包括在加工过程中产生的菌柄、菌根、畸形菌、残次菇等，占整个食用菌产量的20%以上。目前，我国食用菌副产物大多废弃，既污染环境，又造成资源的极大浪费。项目组针对食用菌副产物成分和功效不明确、资源利用效率低、高值化加工产品少等问题，系统分析了香菇、金针菇、杏鲍菇和毛木耳4种食用菌优势副产物原料的品质特性，为食用菌副产物的精准化、高值化利用提供科学依据。建立了食用菌副产物综合利用技术体系，创建了超声波—微波协同辅助复合酶解技术和超微粉碎—超声波辅助复合酶解技术，高效提取食用菌副产物中呈味物质和多糖；研发了气流式食用菌超微粉制备技术，粒度分布范围减小10%～20%，蛋白质含量提高5%～10%，氨基酸总量提高约10%，有效解决了菌柄、菌根、畸形菌、残次菇等副产物利用难、利用率低的问题。

集成创新了以食用菌副产物为主要原料的系列主食食品、休闲食品和调味品生产技术体系，实现了食用菌副产物的高值化开发及应用。开发了系列食用菌营养面粉并明确其物化性质变化规律；以食用菌营养面粉为原料，创制了兼具营养、风味，又能保持原有口感和特性的馒头、面条等主食产品；创制了香菇杂粮系列锅巴、杏鲍菇脆片等休闲食品，显著提升了产品的感官品质和营养价值；创制了具有自主知识产权的天然食用菌调味料产品，氨基酸总量增加了87%；建立食用菌副产物高值化综合利用技术体系，在多家企业应用推广。

三、推广应用

相关技术及成果在山东省、河北省等近20家企业中应用推广。近3年累计实现经济效益14.37亿元，解决了700人以上劳动力就业，经济社会效益显著。

完成单位：山东省农业科学院农产品研究所，山东玉皇粮油食品有限公司，山东省农业技术推广总站，山东飞达集团生物科技股份有限公司，山东天晴生物科技有限公司

主要完成人：王文亮，王月明，崔文甲，弓志青，贾凤娟，王延圣，陈相艳，张永琥，高霞

通信地址：山东省济南市工业北路202号

联系电话：0531-66659290

食用菌多糖咀嚼片

天然香菇调味料

香菇挂面

香菇脆片

杏鲍菇脆片

速溶调味菌汤

以食用菌副产物为主要原料的系列食品

黄淮海玉米机械化生产关键装备研发与应用

一、技术成果水平

该成果获得山东省科技进步奖二等奖，该项目研究的黄淮海玉米机械化高效生产装备整体技术达到国际先进水平；获授权发明专利16项，授权其他知识产权71项，发表论文17篇，制定山东省地方标准2项。

二、成果特点

针对黄淮海地区玉米机械化生产过程中种肥漏播漏施严重、施药均匀性差、收获效率低等制约玉米产业发展的瓶颈问题，2009—2015年项目组在山东省自主创新专项等重大科技项目支持下，通过协同攻关与系统研究，突破了玉米机械化生产种、管、收环节系列关键技术，创制新型装备并进行大面积推广应用，形成了黄淮海玉米机械化高效生产技术体系。主要技术内容如下。

探明了高速作业状态下种肥颗粒运移规律，提出了种肥监测、种子漏播补偿、播种粒距动态调节等提升玉米播种施肥作业质量的监控方案；发明了种子面源无盲区检测、落肥面透光率检测和粒距动态自适应调节等6项精密播种精量施肥关键技术；自主开发漏播补偿、粒距动态自适应调节等11项控制系统及装置，集成研制出具有漏播自动补偿、粒距动态调节和自排障功能的玉米精密播种机2种，解决了现有播种机漏播漏施问题，实现了高速作业状态下粒距均匀一致，−3%≤种肥计量误差≤3%、补种成功率≥99%。

提出了针对作物顶端识别的双超声波自校正测距方法，明确了喷雾流量最优算法，创建了适于复杂工况条件下的精准喷雾优化策略；发明了喷雾量动态控制、等高仿形喷雾等8项精准喷雾关键技术；创制出速度自适应喷雾量精准控制、双超声波作物高度信息采集等5项控制系统及装置，集成研制出适于不同作业高度与行距的精准喷雾机2种，解决了现有产品适应范围窄、施药均匀性差的问题，−5%≤喷雾量自动调控误差≤5%。

创新收获机作业自适应控制方法，建立自动对行、地面仿形控制高鲁棒性的数学模型，创新了玉米摘穗后秸秆动态运动模型，提出基于弹性理论的秸秆低耗切断及调直输送方法；发明了秸秆调直输送、自动对行收获和收获台高度仿形等5项高效低损收获技术；创制了接触式植株行检测、单排多辊茎秆输送等8项控制系统及装置，集成研制出具有自动对行收获、收获台高度仿形功能的摘穗型与穗茎兼收型玉米收获机3种，降低了驾驶劳动强度，提高了作业效率，解决了玉米秸秆适量还田的问题，收获台高度控制精度±20毫米，自动对行精度±50毫米。

三、推广应用

项目关键技术共转化农机产品22种，近3年累计销售各类农机产品24 989台（套），累计推广面积5 376.74万亩，新增销售额186 164.39万元，新增利润32 003.24万元，新增税收5 452.43万元，创造间接经济效益14.8亿元。项目技术应用后实现了黄淮海地区小麦—玉米轮作生产模式下玉米机械化高效生产，玉米总体生产效率提升10%以上；减少了种肥药浪费，平均节约种子5%、节肥15%、节药10%；降低了作业损失，漏播率降低62%、漏施率降低60%、收获损失降低50%。项目研发的多项产品省内销量排行第一。本项目改善了黄淮海地区玉米机械化生产关键技术与装备落后的现状，促进了玉米生产全程作业装备智能化技术的提升。

完成单位：山东省农业机械科学研究院，雷沃重工股份有限公司，山东理工大学，山东大华机械有限公司，山东卫士植保机械有限公司

主要完成人：王玉荣，孙宜田，刁培松，李青龙，朱金光，陈刚，张明源，朱现忠，庄会浩

通信地址：山东省济南市桑园路19号

联系电话：0532-88617507

黄淮海玉米机械化生产关键装备

第二部分　新品种

小麦新品种——济麦23

一、技术成果水平

我国黄淮麦区第一个利用分子标记辅助选择技术育成的小麦品种，2016年通过山东省审定。

二、成果特点

济麦23为高产、优质、多抗、广适型小麦新品种。

1. 高产

在2013—2015年山东省小麦品种高肥组区域试验中，两年平均亩产608.7千克，比对照品种济麦22增产4.8%；2016年，在招远市实打验收3.1亩，平均亩产达795.83千克；同年，德州市小麦粮王大赛中，平均亩产653.71千克，为种植该品种农户赢得了"小麦粮王"的美誉；2019年，在招远市实打验收3.85亩，平均亩产821.49千克，创造了我国中强筋小麦的高产典型。

济麦23审定证书

2. 优质

2014年、2015年区域试验统一取样经农业部谷物品质监督检验测试中心（泰安）测试结果平均：籽粒蛋白质含量14.4%，湿面筋34.7%，沉淀值36.6毫升，吸水量66.3毫升/100克，稳定时间6.7分钟，面粉白度72.7，属中强筋小麦。

3. 多抗

高抗叶锈病，慢条锈病，中感白粉病和纹枯病，抗寒性与耐高温性表现突出。

4. 广适

济麦23连续3年被山东省农业厅列为主推品种。

三、推广应用

据全国农业推广服务中心和山东省种子管理总站统计，济麦23在2017—2019年累计推广155万亩，按每亩增产28千克、每千克小麦2.24元计，即每亩增加62.72元，共新增社会经济效益9 721.6万元。

完成单位：山东省农业科学院作物研究所，中国农业科学院作物科学研究所，山东鲁研农业良种有限公司

主要完成人：何中虎，刘建军，夏先春，刘爱峰，李豪圣，程敦公，肖永贵，曹新有，宋健民，赵振东，吴建军，王灿国

通信地址：山东省济南市工业北路202号

联系电话：0531-66659561

济麦23田间照片

小麦新品种——济麦44

一、技术成果水平

济麦44是新近育成的具有突破性的优质强筋品种，2018年通过山东省审定，现已完成国家黄淮北片生产试验、河北省引种备案；正在参加国家黄淮南片区域试验、安徽省区域试验和天津市区域试验，表现优良。2018年品种权转让金额达到1 500万元，刷新了我国小麦品种转让的最高纪录。

二、成果特点

济麦44为绿色超强筋小麦新品种。

1. 优质超强筋

2016年、2017年区域试验统一取样经农业部谷物品质监督检验测试中心（泰安）测试结果（平均）：籽粒蛋白质含量15.4%，湿面筋35.1%，沉淀值51.5毫升，吸水率63.8毫升/100克，稳定时间25.4分钟；2015—2019年连续5年香港南顺集团品质测定均达到企业标准，受到加工企业的高度认可；在2017—2019年连续3年的全国小麦质量报告中，均达到郑州商品交易所期货用和国家优质强筋小麦标准，在2019年首届黄淮麦区优质小麦鉴评会上被评为超强筋小麦（全国仅4个）。

2. 多抗

小麦产业技术体系病虫害功能研究室2017—2018年抗病性鉴定表明：成株期抗条锈病，高抗秆锈病，中抗白粉病，中抗土传小麦病毒病，中感赤霉病，低感麦蚜。

3. 稳产

在2015—2017年山东省小麦品种高肥组区域试验中，两年平均亩产603.7千克，比对照品种济麦22增产2.3%；2017—2018年山东省小麦品种高肥组生产试验，平均亩产540.0千克，比对照品种济麦22增产1.2%；2018—2019年，山东潍坊1 800亩示范方平均亩产609.53千克，且品质达到国家优质强筋小麦标准。在多点示范中产量与济麦22相当。

三、推广应用

据山东省种子管理总站统计，济麦44在2019年累计推广85.8万亩，按每亩425千克、每千克小麦优价0.20元计，即每亩增加85元，共新增社会经济效益7 293万元。

完成单位：山东省农业科学院作物研究所，山东鲁研农业良种有限公司
主要完成人：曹新有，李豪圣，刘建军，等
通信地址：山东省济南市工业北路202号
联系电话：0531-66659561

济麦44审定证书和评价证书

济麦44面包

小麦新品种——济麦60

一、技术成果水平

2018年通过山东省审定，现正参加国家黄淮麦区旱肥地区域试验和山东省水地区区域试验。

二、成果特点

济麦60属于抗旱节水小麦新品种。在2015—2017年山东省旱地区域试验中，平均亩产460.8千克，较对照鲁麦21增产4.38%；2017—2018年旱地组生产试验，平均亩产440.5千克，比对照品种鲁麦21号增产7.3%，位居所有参试品种第一位。2018年，在招远实打验收达到749.13千克/亩。2017年中国农业科学院植物保护研究所接种抗病鉴定结果：条锈病免疫，高抗叶锈病，中感白粉病，中感赤霉病。

三、推广应用

济麦60适宜在全省旱肥地种植应用，目前，在试验示范阶段。

完成单位：山东省农业科学院作物研究所
主要完成人：曹新有，李豪圣，刘建军，等
通信地址：山东省济南市工业北路202号
联系电话：0531-66659561

济麦60审定证书

济麦60田间照片

小麦新品种——济糯麦1号

一、技术成果水平

该品种2019年通过山东省审定，审定编号为鲁审麦20196020。

二、成果特点

济糯麦1号是籽粒全糯的特用高产冬小麦品种。该品种具有高产、支链淀粉含量100%、品质优良等特点，适合在黄淮麦区推广种植。

1. 产量水平高

在2014—2015年鉴定试验中，比对照济麦22增产2.2%；在2015—2017年品比试验中，比对照济麦22增产3.6%；在2017—2019年山东省特用小麦区域试验中，平均亩产514.2千克，比对照品种山农紫麦1号增产8.38%；在2018—2019年山东省特用组生产试验中，平均亩产568.2千克，比对照品种山农紫麦1号增产8.37%。

2. 品质优良

2019年山东省区域试验统一取样测试，其支链淀粉含量100%，淀粉糊化特性回升值311cP，籽粒蛋白质含量（干基）13.9%，湿面筋含量（14%湿基）30.09%，沉淀值34.0毫升，吸水率73.9%，稳定时间2.3分钟，面粉白度78.45，钙含量为536.4毫克/千克，铁含量为91.5毫克/千克，镁含量为2 041.3毫克/千克。

3. 具有一定的抗病性

田间自然发病条锈病1级，叶锈病3级，白粉病4级，纹枯病2级，赤霉病1级。

三、推广应用

济糯麦1号应用前景广阔，在改善面条品质、馒头品质、速冻水饺品质、白酒品质等方面具有特殊用途，适合在黄淮麦区推广种植，对农业供给侧结构调整具有重要意义。该品种的推广使用权目前正在与有意向种植该品种的种子公司谈判，2020年秋播已大面积推广种植，经济效益和社会效益同步新增。

完成单位：山东省农业科学院作物研究所
主要完成人：隋新霞，黄承彦，楚秀生，樊庆琦，崔德周，李永波
通信地址：山东省济南市工业北路202号
联系电话：0531-66657805

主要农作物品种
审定证书

品种名称：济糯麦1号
审定编号：鲁审麦20196020
品种来源：济麦22与加拿大糯小麦Waxy
　　　　　杂交后选育
育　种　者：山东省农业科学院作物研究所
审定意见：经山东省农作物品种审定委员会七
届四次常委会会议审定通过，令省中高产地块特殊
用途品种种植利用。
公　告　号：鲁农种字（2019）14号
证书编号：2019-2-020

济糯麦1号审定证书 　　　　　　　　济糯麦1号籽粒形态

济糯麦1号抽穗期田间长相

玉米新品种——诺达1号

一、技术成果水平

2013年山东省审定，2016年安徽引种审定。

二、成果特点

该品种具有高产、耐密、多抗、活秆、大穗等优点。

1. 高产

山东预试平均亩产635.5千克，比对照郑单958增产8.0%；两年区试，平均亩产589.7千克，比对照郑单958增产4.0%；生产试验平均亩产674.6千克，比对照郑单958增产4.4%。

2. 多抗

抗小斑、大斑、茎腐病、矮花叶病、锈病等多种病害，尤其高抗锈病、大小斑病等叶部病害。

3. 耐密大穗

适宜种植密度4 000～4 500株/亩，同比大穗型鲁单981增加了500株/亩。

诺达1号玉米新品种

三、推广应用

该品种通过合作企业开发，主要在山东省和安徽省叶部病害多发区示范推广，年推广面积在20万～50万亩。

完成单位：山东省农业科学院玉米研究所
主要完成人：刘玉敬，刘铁山，高新学，董瑞，刘春晓，马兰，王志武，等
通信地址：山东省济南市工业北路202号
联系电话：18805310189

玉米新品种——鲁单510

一、技术成果水平

2019年参加山东省生产试验，待审定。

二、成果特点

该品种具有高产、稳产、广适、多抗、优质、制种产量高等优点。

1.高产稳产

2017—2019年连续参加山东省区域试验和生产试验，比郑单958增产达显著水平。2017年亩产681.7千克，比对照郑单958增产4.7%；2018年亩产656.4千克，比对照郑单958增产1.5%；2019年亩产639.5千克，比对照郑单958增产4.7%。

2.广适

2019年参加山东省生产试验，17个试点全部增产。

3.多抗

经山东农业大学接种鉴定，中抗弯苞菌叶斑病、茎腐病、瘤黑粉病、粗缩病和锈病。

鲁单510群体

4. 品质优良

3年平均容重728.2～750克/升，达国标一级。经农业农村部品质监督测试中心（泰安）检测：粗蛋白11.16%，粗脂肪4.04，粗淀粉70.51%，赖氨酸0.26%，达国家饲用玉米一级标准。

三、推广应用

该品种得到多家种子公司青睐，正办理转让手续。

完成单位：山东省农业科学院玉米研究所
主要完成人：丁照华，王志武，等
通信地址：山东省济南市工业北路202号
联系电话：13805319408

鲁单510果穗

玉米新品种——鲁单2016

一、技术成果水平

山东省2016年审定的早熟玉米品种（鲁审玉20160023），通过河北省引种（冀引种〔2019〕第1号401）、安徽省引种（皖引玉2019054）审定。

二、成果特点

1. 特征特性

该品种为中早熟玉米品种。株型半紧凑，夏播生育期104天，全株叶片16～19片，幼苗叶鞘浅紫色，花丝红色，花药浅红色；株高258.6厘米，穗位94.6厘米，倒伏率0.5%，倒折率2.4%。果穗长筒形，穗长15.9厘米，穗粗4.6厘米，秃顶0.3厘米，穗行数平均14.9行，穗粒数508.3粒，红轴，黄粒、半马齿型，出籽率88.5%，千粒重328.6克，容重760.6克/升。

2. 品种抗性

2013年经河北省农林科学院植物保护研究所抗病性接种鉴定：中抗小斑病、大斑病，感弯孢叶斑病、瘤黑粉病，高感茎腐病，抗矮花叶病。

3. 品质

2014年经农业部谷物品质监督检验测试中心（泰安）品质分析：粗蛋白含量10.98%，粗脂肪4.3%，赖氨酸2.42微克/毫克，粗淀粉72.43%。

鲁单2016审定证书

4. 产量表现

2012—2013年山东省夏玉米品种普通组（4 500株/亩）区域试验，两年平均亩产656.6千克，比对照郑单958增产7.7%，21处试点20点增产1点减产；2014—2015年两年生产试验平均亩产684.6千克，比对照郑单958增产4.7%。

5. 栽培技术要点

适宜密度为4 500株/亩，适宜中高等肥力水平的地块种植。

三、推广应用

该品种已于2016年进行成果转化，转让淄博博信农业科技公司进行开发经营，转让到账经费100万元。该品种目前作为早熟玉米品种在山东省推广，适宜推广区域为山东省夏播玉米区，主要集中在鲁中、鲁北、鲁西等地。

完成单位：山东省农业科学院玉米研究所
主要完成人：徐立华，丁一，徐相波，周柱华，邢燕菊
通信地址：山东省济南市工业北路202号创新大楼1512室
联系电话：0531-66659754，13969115740

鲁单2016大田照片

鲁单2016果穗照片

玉米新品种——鲁单888

一、技术成果水平

2017年通过山东省审定，2018年通过国家黄淮海区审定（国审玉20180280）。

二、成果特点

黄淮海夏玉米组出苗至成熟100天，比对照郑单958早熟1天。幼苗叶鞘紫色，叶片绿色，叶缘绿色，花药浅紫色，颖壳浅紫色。株型半紧凑，株高293厘米，穗位高107厘米，成株叶片数19片。果穗长筒形，穗长17.34厘米，穗行数16～18行，穗轴红色，籽粒黄色、半马齿型，百粒重35.97克。接种鉴定：感茎腐病，中抗穗腐病，抗小斑病，感弯孢叶斑病，感粗缩病，高感瘤黑粉病，高感南方锈病。品质分析：籽粒容重748克/升，粗蛋白含量9.79%，粗脂肪含量3.70%，粗淀粉含量74.58%，赖氨酸含量0.31%。

产量表现：2016—2017年参加黄淮海夏玉米组区域试验，两年平均亩产666.8千克，比对照郑单958增产5.92%。2017年生产试验，平均亩产646.2千克，比对照郑单958增产4.3%。

鲁单888审定证书

三、推广应用

该品种符合国家玉米品种审定标准，适宜在黄淮海夏玉米区的河南省、山东省、河北省保定市和沧州市的南部及以南地区、陕西省关中灌区、山西省运城市和临汾市、晋城市部分平川地区、安徽和江苏两省淮河以北地区、湖北省襄阳地区种植。

完成单位：山东省农业科学院玉米研究所
主要完成人：鲁守平，穆春华，郭庆法，孟昭东，尤恩
通信地址：山东省济南市工业北路202号
联系电话：15853140686

鲁单888大田照片

鲁单888果穗照片

玉米新品种——鲁单9088

一、技术成果水平

鲁单9088是山东省农业科学院玉米研究所自主选育的玉米品种，通过国家东南区审定（国审玉2012015）和安徽省审定（皖玉2013007）后，2017、2018年先后完成陕西省、山西省、山东省、河南省、河北省和江苏省引种，2019年通过国家东北区、西南区审定（国审玉20190174）。2017年获得植物新品种权授权（CNA20131277.5）。2020年入选中国农业农村重大新品种。

二、成果特点

1. 高产稳产

东华北区域试验，两年平均亩产804.9千克，比对照郑单958增产6.4%；2018年生产试验，平均亩产728.6千克，比对照郑单958增产7.4%。西南区域试验，两年平均亩产584.2千克，比对照渝单8号增产6.2%；2018年生产试验，平均亩产590.9千克，比对照渝单8号增产14.8%。东南区域试验，两年平均亩产452.3千克，比对照农大108增产10.5%；2011年生产试验，平均亩产489千克，比农大108增产7.5%。

2. 抗病、抗风险能力强

高抗玉米产区主要病害，如玉米大小叶斑病、青枯病、锈病、黑粉病等。根系发达，茎秆坚韧，高抗倒伏，活秆成熟。经河北省农林科学院植物保护研究所接种鉴定，2010年抗小斑病（病级3级），中抗南方锈病（病级5级），抗茎腐病（发病率6.5%）；经安徽农业大学植物保护学院接种鉴定，2011年抗小斑病（病级3级），高抗南方锈病（病级1级），中抗茎腐病（发病率25%）。

3. 粮饲兼用

鲁单9088具有籽粒和整株产量双高产、抗病、抗倒、活秆成熟等优点，该品种适应作为机械化收获的高产、稳产粮饲兼用品种。粮饲兼用品种既具有较高的籽粒产量，又可进行全株收获作饲料，种植户可以根据市场行情进行效益核算，决定收获籽粒是作为粮食销售还是整株青贮。玉米青贮还符合绿色生产要求，既合理利用了有效的光温资源，又解决了秸秆对环境的污染。作为粮饲兼用品种，鲁单9088具有以下特点：一是籽粒产量高，青贮适宜收获期淀粉含量和干物质"双高"。二是属温热种质杂交种，成熟时青枝绿叶，生物产量高。三是抗性好，抗倒性极强，适于机械收获；耐高温、抗旱，面对近几年常见的高温干旱天气生长发育和结实性良好；对玉米南方锈病免疫，叶片干净无病斑。

三、推广应用

鲁单9088具有籽粒产量高、抗病抗倒、耐干旱高温、活秆成熟等特点，既可作为籽粒玉米，又可进行全株收获作青贮玉米。种植户可以根据市场行情进行效益核算，决定收获方式，既合理利用了有效的光温资源，又解决了秸秆对环境的污染，符合绿色生产要求。

2019年鲁单9088通过国家东华北区、西南区审定（国审玉20190174）。

目前，已获得全国20多个省市合法推广权，如吉林中晚熟区、辽宁大部地区、内蒙古大部区域、山西；浙江、江西、福建、广东；安徽、山东、河南、河北、江苏、陕西；四川、重庆、湖南、湖北，贵州、云南和广西部分地区。种植区域涵盖我国玉米主产区。

完成单位：山东省农业科学院玉米研究所
主要完成人：孟昭东，李文才，等
通信地址：山东省济南市工业北路202号
联系电话：13969192366

鲁单9088果穗　　　　　　　　　　　鲁单9088群体

玉米新品种——鲁单6号

一、技术成果水平

2019年山东省审定的耐盐玉米新品种（鲁审玉20196072）。

二、成果特点

1. 特征特性

株型半紧凑，夏播生育期104天，比郑单958早熟1天，全株叶片19～20片，幼苗叶鞘紫色，花丝黄绿色，花药黄色，雄穗分枝6～9个。株高269.0厘米，穗位99.0厘米。果穗筒形，穗长18.7厘米，穗粗5.1厘米，穗行数15.9行，穗粒数525粒，红轴，黄粒、半马齿型，出籽率86.5%，千粒重320.0克，容重746.3克/升。

2. 品种抗性

2018年经山东农业大学植物保护学院抗病性接种鉴定：该品种高抗禾谷镰孢茎腐病，抗弯孢叶斑病、瘤黑粉、南方锈病，中抗小斑病，感穗腐病。

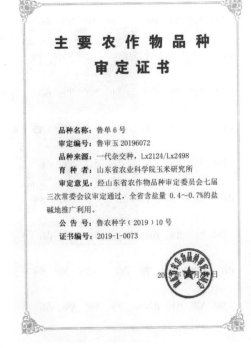

主要农作物品种审定证书

品种名称：鲁单6号
审定编号：鲁审玉20196072
品种来源：一代杂交种，Lx2124/Lx2498
育 种 者：山东省农业科学院玉米研究所
审定意见：经山东省农作物品种审定委员会七届三次常委会议审定通过，全省含盐量0.4～0.7%的盐碱地推广利用。
公 告 号：鲁农种字（2019）10号
证书编号：2019-1-0073

审定证书

3. 品质

2018年经农业部谷物品质监督检验测试中心（泰安）品质分析：粗蛋白含量11.78%，粗脂肪4.52%，赖氨酸2.6微克/毫克，粗淀粉68.75%。

4. 产量表现

2017年自主耐盐夏玉米区域试验，平均亩产645.8千克，比对照郑单958增产7.3%；2018年自主耐盐夏玉区域试验，平均亩产683.8千克，比对照郑单958增产8.1%；2018年自主耐盐夏玉米生产试验，平均亩产669.3千克，比对照郑单958增产7.2%。

5. 栽培技术要点

适宜密度为4 500株/亩左右，在全省含盐量0.4%～0.7%的盐碱地推广利用。

三、推广应用

该品种已于2019年进行成果转化，转让山东思农农业科技有限公司进行开发经营，转让到账经费10万元。该品种目前已在菏泽和临沂地区进行推广应用。

完成单位：山东省农业科学院玉米研究所
主要完成人：徐立华，丁一，徐相波
通信地址：山东省济南市工业北路202号创新大楼1512室
联系电话：0531-66659754

鲁单6号果穗

鲁单6号植株

水稻新品种——圣稻18

一、技术成果水平

圣稻18于2016年通过国家审定（国审稻2016048）。

二、成果特点

圣稻18为中晚熟粳型常规水稻品种，该品种具有优质、高产、抗病等优点，适宜在河南沿黄、山东南部、江苏淮北、安徽沿淮及淮北地区种植，以及在东营稻区作一季春稻种植。

该品种黄淮粳稻区种植全生育期平均160.1天。株高95.9厘米，穗长17.3厘米，每穗总粒数156.4粒，结实率86.1%，千粒重24.7克。抗性：稻瘟病综合抗性指数分别为2.1和2.6，穗颈瘟损失率最高级1级，条纹叶枯病抗性等级3级。米质：整精米率66.5%，垩白粒率24%，垩白度1.8%，直链淀粉含量16.2%，胶稠度67毫米，达到国家《优质稻谷》（GB/T 17891—2017）标准3级。

在国家区域试验中，2013年平均亩产642.36千克，比对照增产3.58%，达极显著水平；2014年续试平均亩产630.29千克，比对照增产4.07%，达极显著水平。2015年生产试验平均亩产661.26千克，较对照增产5.7%，增产点比例100%。

品种审定证书

2018年和2019年被遴选为鱼台县"五统一"绿色稻米主推品种；2020年，以圣稻18大米制品成功出口欧盟市场。

三、推广应用

据统计，2013—2019年，圣稻18在山东省累计推广155.7万亩，在黄淮区累计推广面积400余万亩。按亩增40千克，每千克稻谷3元计，即亩增加120元，共新增社会经济效益4.8亿元。

完成单位：山东省水稻研究所

主要完成人：徐建第，朱文银，陈峰，姜明松，杨连群，周学标，李广贤，袁守江，张洪瑞

通信地址：山东省济南市桑园路2号

联系电话：0531-66659212

圣稻18

水稻新品种——圣稻22

一、技术成果水平

圣稻22于2015年通过国家审定（国审稻2015048）。

二、成果特点

圣稻22为中晚熟粳型常规水稻品种，该品种具有高产、优质、抗病等优点，适宜在河南沿黄、山东南部、江苏淮北、安徽沿淮及淮北地区种植。

该品种黄淮粳稻区种植，全生育期158.9天，比对照徐稻3号晚熟2.1天。株高95.6厘米，穗长17.3厘米，每穗总粒数156.1粒，结实率86.8%，千粒重25.9克。抗性：稻瘟病综合抗性指数2.1，穗颈瘟损失率最高级1级，条纹叶枯病最高发病率18.18%；抗稻瘟病，中感条纹叶枯病。米质主要指标：整精米率71.5%，垩白米率20.0%，垩白度1.3%，直链淀粉含量15.6%，胶稠度76毫米，达到国家《优质稻谷》（GB/T 17891—2017）标准2级。

2012年参加国家黄淮粳稻组区域试验，平均亩产647.6千克，比对照徐稻3号增产1.59%；2013年续试，平均亩产648.2千克，比徐稻3号增产4.2%。两年区域试验平均亩产647.9千克，比徐稻3号增产2.75%。2014年生产试验，平均亩产643.3千克，比徐稻3号增产7.06%。

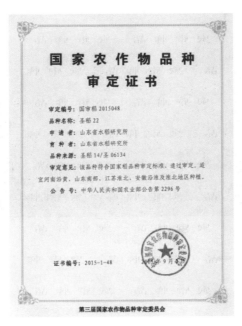

品种审定证书

三、推广应用

2017—2019年，在山东省、江苏省、河南省、安徽省累计推广应用277.6万亩，获社会经济效益41 640万元。品种审定以来，累计推广应用365.5万亩，获经济效益54 825万元。

完成单位：山东省水稻研究所
主要完成人：姜明松，徐建第，陈峰，朱文银，杨连群、周学标、李广贤，袁守江，张洪瑞
通信地址：山东省济南市桑园路2号
联系电话：0531-66659212

圣稻22

水稻新品种——圣糯1号

一、技术成果水平

圣糯1号于2018年通过山东省审定（鲁审稻20180004）。

二、成果特点

圣糯1号为中晚熟糯稻品种，该品种具有高产、优质等优点，适宜山东鲁南、鲁西南麦茬稻区及东营稻区种植利用。

该品种株型紧凑，叶色浓绿，剑叶上冲，穗半直立、无芒，谷粒椭圆形。区域试验结果：全生育期159天，生育期比对照临稻10号晚熟1天；平均亩有效穗25.7万，成穗率79.3%，株高96.4厘米，穗长16.0厘米，穗实粒数106.6粒，结实率89.2%，千粒重27.8克。

在2015—2016年全省水稻品种中晚熟组区域试验中，两年平均亩产708.6千克，比对照临稻10号增产8.1%；2017年生产试验平均亩产661.6千克，比对照临稻10号增产7.2%。2016年经天津市植物保护研究所抗病性接种鉴定：感稻瘟病。

品种审定证书

三、推广应用

已通过江苏省引种备案，（苏）引种（2020）第026号，正在进行安徽省引种备案，皖引稻2020040，适于山东省、江苏省、安徽省作特殊用途品种利用。

完成单位：山东省水稻研究所
主要完成人：朱文银，姜明松，陈峰，徐建第，杨连群，周学标
通信地址：山东省济南市桑园路2号
联系电话：0531-66659212

圣糯1号

圣糯1号大田

淀粉型甘薯品种——济薯25

一、技术成果水平

高淀粉型甘薯新品种"济薯25"。

二、成果特点

1.济薯25品种主要特点

（1）淀粉含量高，黏度大，加工粉条不断条。济薯25淀粉含量比徐薯22高4个百分点以上。

（2）增产潜力大。2013—2017年连续4年国家甘薯产业技术体系举办的高产竞赛中，济薯25鲜薯亩产均达到3 500千克以上，薯干亩产1 200千克以上。

（3）高抗根腐病、抗干旱能力突出。

2.种植技术要点

（1）易旺长，栽插后薯蔓长30厘米左右时，根据大田生长状况及时用烯效唑控制旺长，可每次每亩用50～100克5%烯效挫粉剂兑水15～25千克，4～5天喷施1次，连续喷施2～3次。

（2）地上生长势强，建议种植密度2 800～3 000株/亩。

（3）高感线虫，须选择不带线虫的薯苗栽插大田，有病的田块可用辛硫磷微胶囊、阿维菌素等提前穴施预防。

三、推广应用

该品种为淀粉型甘薯品种，产量高、淀粉含量高、加工粉条不断条，成为淀粉加工企业的首选品种，可增加农民、企业经济效益，改变专用型淀粉品种的缺乏局面，促进淀粉型品种的更新换代，保证我国粮食安全。

完成单位：山东省农业科学院作物研究所
主要完成人：张立明
通信地址：山东省济南市工业北路202号
联系电话：0531-66659258

植物新品种权证书

品种名称： 济薯 25

属或者种： 甘薯

品种权人： 山东省农业科学院作物研究所

培育人： 张立明 王庆美 侯夫云 董顺旭
张海燕 李爱贤 解备涛 王宝卿
段文学

品种权号： CNA20150799.4

申请日： 2015 年 6 月 12 日

授权日： 2019 年 1 月 31 日

证书号： 第 2019012413 号

根据《中华人民共和国植物新品种保护条例》规定，本品种权自授予之日起生效，保护期限为 15 年。

品种权证书记载发证时的法律状态。

品种权的转让、继承、放弃、无效、终止和品种权人的姓名或名称、国籍、地址变更等事项记载在农业农村部品种权登记簿上。

部 长：

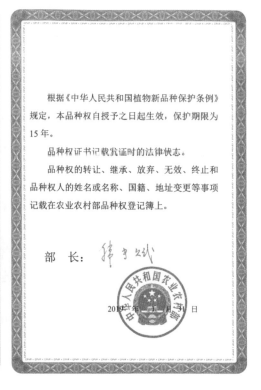

济薯25品种权证书

济薯25

鲜食型甘薯品种——济薯26

一、技术成果水平

济薯26是由山东省农业科学院作物研究所以徐03-31-15为母本放任授粉选育而成，为鲜食型品种。

二、成果特点

济薯26萌芽性较好，中蔓，分枝数10个左右，茎蔓较细，叶片心形，顶叶黄绿色带紫边，成年叶绿色，叶脉紫色，茎蔓绿色带紫斑；薯形纺锤形，红皮黄肉，结薯集中薯块整齐，单株结薯4个左右，大中薯率较高；薯干较平整，可溶性糖含量高，食味优；较耐贮；抗蔓割病，中抗根腐病和茎线虫病，感黑斑病，综合评价抗病性一般。

2012—2013年参加了国家甘薯北方薯区区域试验。两年平均鲜薯产量2 169.1千克/亩，较对照增产8.77%，居第二位；薯干产量558.7千克/亩，淀粉产量348.1千克/亩，平均烘干率25.76%，平均淀粉率16.05%，比对照低3.11个百分点。

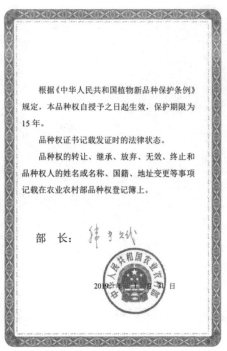

济薯26品种权证书

2013年生产鉴定试验中，济薯26鲜薯平均亩产2 317.4千克，比对照徐薯22增产14.34%；薯干亩产595.5千克，比对照增产4.92%。

在2013年国家甘薯产业技术体系高产竞赛中，亩产超过3 700千克，获北方组亚军。

三、推广应用

适时排种，培育无病壮苗；选择平原旱地或山地丘陵栽植；种植密度每亩3 500～4 000株。该品种抗黑斑病能力较差，育苗时可用多菌灵喷洒薯块及苗床周围，尽量采用苗床高剪苗，夏薯可用采苗圃的蔓头苗，不宜用苗床老苗，繁种时应选无病地，均可有效控制该病的发生。在肥水管理上应注意N、P、K的配合使用。

完成单位：山东省农业科学院作物研究所
主要完成人：王庆美
通信地址：山东省济南市工业北路202号
联系电话：0531-66659258

济薯26

高产优质广适大豆新品种——齐黄34

一、技术成果水平

2012年山东省审定（鲁农审2012026号），2013年国家黄淮海中片审定（国审豆2013009），2015年江苏省淮北夏大豆区审定（苏审豆201505），2018年国家黄淮海北片审定（国审豆20180020）、江苏省淮南夏大豆区审定（苏审豆20180004）。

二、成果特点

1. 高产稳产

2010—2011年黄淮海夏大豆中片组区试，平均亩产198.6千克，比对照品种增产5.4%；2012年生产试验，平均亩产217.6千克，比对照品种增产12.0%。2012—2013年江苏省淮北夏大豆区试，平均亩产205.21千克，比对照品种增产5.14%；2014年生产试验平均亩产204.3千克，比对照品种增产8.52%。2015—2016年国家黄淮海北片夏大豆区试平均亩产225.97千克，比对照品种增产6.13%；2017年生产试验平均亩产210.14千克，比对照品种增产3.01%。2013年在甘肃省靖远县实打验收亩产335.31千克，创造甘肃省大豆高产纪录；2014年在山东省嘉祥县实打验收亩产313.75千克，创造山东省大豆高产纪录；2018年山东省禹城市实打验收亩产308.27千克；2019年山东省陵城区实打验收亩产341.64千克，刷新山东省大豆高产纪录。连续8年大面积亩产250千克以上，比全国平均大豆产量高近一倍。

2. 高蛋白高脂肪

蛋白质含量45.13%，脂肪含量22.48%，同时超过高蛋白和高油大豆品种标准。水溶性蛋白含量32.8%，比一般品种高3个百分点。加工豆腐质量得率265.40%，较一般品种高30%，保水性74.26%，含水量79.24%，硬度392.00克，黏性0.21mJ，口感细腻爽滑。适合豆腐、豆浆等豆制品加工。

3. 抗病耐逆广适

接种鉴定和生产实践表明，齐黄34高抗大豆花叶病毒病和霜霉病，中抗炭疽病。耐旱、耐涝、耐盐碱。适合在黄淮海地区、西北地区、西南山区和华南地区种植。

三、推广应用

目前，齐黄34已成为黄淮海地区主导品种，累计推广面积达3 000多万亩，大面积种植平均亩产250千克，较当地其他品种增产20%左右，经济效益显著。在西北、西南山区、华南地区也有很好的推广前景。

完成单位：山东省农业科学院作物研究所
主要完成人：徐冉，王彩洁，张礼凤，李伟，张彦威，刘薇，戴海英
通信地址：山东省济南市工业北路202号
联系电话：0531-66659348

审定证书

齐黄34成熟期大田

齐黄34大豆

优质高产谷子新品种——济谷20

一、技术成果水平

2018年通过中华人民共和国农业农村部登记［GDP谷子（2018）370035］。

二、成果特点

济谷20是山东省农业科学院作物研究所培育出的适宜山东生态区种植的优质、稳产、抗性好谷子新品种，为龙山小米、金乡小米提供品牌支撑。在2015年全国第十一届优质食用粟评选中获评"一级优质米"，2017年济南市农业局组织的优质米评选中被评为"金牌奖"。

该品种幼苗绿色，生育期90天，株高125厘米，棒形穗，穗子松紧适中；千粒重2.7克，黄谷黄米，米色鲜亮，食味品质突出。2016—2017年华北夏谷联合鉴定试验平均亩产387.6千克，较对照豫谷18增产5.69%，居2016—2017年参试品种第1位。两年29点次联合鉴定试验24点次增产，增产点率为82.8%。表现出良好的丰产、稳产、广适性。

三、推广应用

目前，济谷20已经在长清、章丘、山亭、淄博等谷子主产区得到快速推广应用，均表现出了良好的适应性。累计推广面积达20万亩，该品种大面积种植平均亩产400千克，较当地其他品种增产10%左右，经济效益显著。济谷20适宜在山东、河南、河北等地区夏播或春播种植。

济谷20登记证书　　　　　　　济谷20优质米证书

完成单位：山东省农业科学院作物研究所

主要完成人：杨延兵，管延安，秦岭，陈二影，刘宾，王海莲，张华文

通信地址：山东省济南市工业北路202号

联系电话：0531-66658115

济谷20

高粱新品种——济粱2号

一、技术成果水平

2018年通过中华人民共和国农业农村部新品种登记〔GDP高粱（2018）370201〕。

二、成果特点

该品种春播生育期114天，夏播生育期101天，幼苗绿色，根系发达，株型紧凑，株高150～170厘米。穗纺锤形，穗型中紧，穗长32.5厘米，穗粒重65克，千粒重26克，角质率25%，白壳红粒，着壳率中等。籽粒总淀粉含量74.13%，蛋白质10.88%，粗脂肪3.22%，单宁含量1.10%。一般亩产500～550千克，最高亩产600千克以上。

三、推广应用

该品种累计推广面积达10万余亩，主要用于高端白酒加工，与普通高粱品种相比，种植、加工效益可提高20%以上。该品种适宜山东省春播、夏播种植。

完成单位：山东省农业科学院作物研究所
主要完成人：张华文，王海莲，刘宾，陈二影，秦岭，杨延兵，王润丰
通信地址：山东省济南市工业北路202号
联系电话：0531-66659073

品种审定证书

大田植株

优质橘红心大白菜新品种——天正橘红65

一、技术成果水平

获山东省科技进步奖二等奖、神农中华农业科技奖三等奖，通过国家品种鉴定（国品鉴菜2015043）和北京市品种审定（京审菜2015007）。

二、成果特点

天正橘红65为秋季中早熟栽培品种，生育期约65天。植株高约33厘米，开展度58.6厘米，叶球高26.5厘米，叶球直径16.2厘米，株型紧凑，合抱，单球重2.0～2.5千克，净菜率80%。连续3年的全国区域试验显示，平均每产净菜产量为4 365千克，比对照品种北京橘红2号增产10.6%，增产显著。该品种的球叶颜色鲜艳，橘红色深，口感品质极佳，营养丰富。农业部蔬菜品质监督检验测试中心对该品种的品质检验结果显示，该品种维生素C含量21.3毫克/100克鲜重，干物质4.56%，粗纤维0.47%，蛋白质0.891%，总糖1.87%，β-胡萝卜素26.163毫克/克（干重）。其中的β-胡萝卜素含量，是普通大白菜的11.15倍，具有良好的保健作用。权威机构对3种田间常见病害的苗期抗病性的鉴定（霜霉病、病毒病、黑腐病）结果显示，该对3种病害的抗性均为抗病，其中，霜霉病病情指数为18.89，病毒病病情指数为24.77，黑腐病病情指数为16.36。

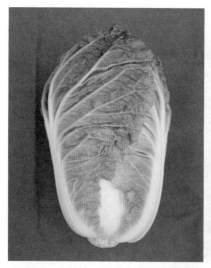

天正橘红65

三、推广应用

适宜山东、北京、河北、河南及生态条件相似地区种植。在山东、四川、云南、甘肃、河北、河南、辽宁、宁夏、新疆等地进行了推广应用，均表现出了良好的适应性，长势强劲，品质优良，深受当地农户和消费者喜爱。近5年来，累计推广面积约13万亩，实现经济效益1.4亿余元。

完成单位：山东省农业科学院蔬菜花卉研究所

主要完成人：高建伟，张一卉，李化银，王凤德，李景娟

通信地址：山东省济南市工业北路202号

联系电话：0531-66659193

获奖证书

鉴定证书

品种审定证书

蝴蝶兰新品种——'鲁卉红玉'

一、技术成果水平

2019年申请植物新品种权保护，已提交繁殖材料，完成DUS测试。

二、成果特点

以产品优质、节能降耗为目的，根据山东省区域位置及设施气候特点，选育了1个观赏期长、适宜花期调控、能实现轻简化栽培的优良蝴蝶兰品种'鲁卉红玉'。

该品种花形圆整、花梗高度适中、植株生长势较强，植株抗寒性均较强，能抵抗低温12℃，适宜在北方设施环境下栽培。在山东温室栽培夏季催花容易，保障春节前开花上市。株形匀称，水平，植株大小28.5～31.5厘米；叶色深绿带红晕，叶背紫红，叶长17.5～21.0厘米。梗高50～55厘米，平均花横径为10.8～12.5厘米，花朵数10～13朵，花瓣质地厚实，花序排列整齐，花形圆整，深红色隐线条，开花过程中花色稳定，不易褪色。抗逆性强、生产技术容易把控。催花时间30～33天，在夏季夜温18～20℃可完成花芽分化，平均花期长达120～150天。

'鲁卉红玉'

三、推广应用

该品种育成以来，在济南、青州、莱州多点栽培试验结果显示，植株生长势强，栽培管理简单，催花容易，花期持久，具有较好的推广应用前景。适宜在山东全省及北方各地温室生产。拟向全国设施生产地区进行示范推广，具有良好的推广应用前景。

完成单位：山东省农业科学院蔬菜花卉研究所
主要完成人：韩伟，吕晓惠，王俊峰，朱娇，董飞，王烨楠
通信地址：山东省济南市工业北路202号
联系电话：0531-66659065

'鲁卉红玉'

黄瓜新品种——冬灵102

一、技术成果水平

该品种2018年通过新品种登记。

二、成果特点

属华北型保护地品种。植株长势强，秋季延迟栽培生长期150天左右。种子扁平，呈长椭圆形，黄白色，千粒重26～29克。叶片掌状五角形，中等大小，绿色。主蔓结瓜为主，第一雌花节位5节以下，瓜码密，雌花节率80%以上，早熟性好。连续坐瓜能力强，果实发育速度快。盛瓜期商品瓜瓜长约38厘米，把长约5.5厘米，把瓜比近1/7；横径3.08厘米，心腔1.69厘米，腔径比约0.55；单瓜重约240克。皮深绿色、有光泽，瘤中等大小，刺密，棱沟略浅，商品性好。秋延迟设施黄瓜品种区域试验中，总产量平均亩产6 046.2千克，比对照津优35增产20.3%；2013年生产试验中，前期产量平均亩产1 918.0千克，总产量平均亩产8 648.6千克，比对照津优35分别增产14.1%和14.3%。果肉浅绿色，风味品质好。生产试验试点调查：霜霉病病情指数21.4，白粉病病情指数2.4。

冬灵102登记证书

三、推广应用

该品种产量高，商品性好，瓜条顺直，较当地品种亩增产14.5%左右，亩增产2 900千克以上，3年推广面积达30万亩以上。适宜山东秋延迟设施栽培。

完成单位：山东省农业科学院蔬菜花卉研究所
主要完成人：曹齐卫，孙小镭，李利斌，王永强，王志峰，张卫华，张志强
通信地址：山东省济南市工业北路202号
联系电话：0531-66659183

冬灵102果实图片

冬灵102果实成熟期图片

灰树花新品种——86（T5Q9）

一、技术成果水平

2019年于中国普通微生物菌种保藏管理中心保藏登记，相关专利权、品种权正在准备申报中。

二、成果特点

灰树花杂交菌株86（T5Q9），子实体为灰黑色，朵型大，菌盖薄，菌管短，平均单产比亲本菌株梯灰1号提高74.50%，比国内主栽品种庆灰151提高20.53%，子实体多糖含量比梯灰1号提高33.69%，比庆灰151提高11.52%，生物学效率比梯灰1号提高22%，比庆灰151提高8.78%，超亲优势达到显著或极显著水平。生产周期为68天，比农法栽培缩短22天。

保藏登记证书

三、推广应用

收集、引进灰树花菌株86株，包括国品认菌、主栽品种及野生菌株。对42株灰树花开展了栽培品比试验和拮抗试验，测定了各菌株的农艺性状。采用ISSR和SRAP分子标记进行的遗传多样性分析，将42株灰树花划分为六大类群。构建了灰树花种质资源库，库存菌株109株。通过野生菌株梯灰1号和主栽品种庆灰151作为亲本选育的灰树花86（T5Q9）于山东及相似气候适宜地区栽培示范推广，累计栽培10万包以上。经济效益较亲本菌株提升20%以上。

灰树花新品种——86（T5Q9）

完成单位：山东省农业科学院农业资源与环境研究所
主要完成人：宫志远，谢红艳，姚强，黄春燕，李瑾
通信地址：山东省济南市工业北路202号
联系电话：0531-66658571

三系杂交棉新品种——鲁杂2138

一、技术成果水平

鲁杂2138是山东省第一个通过审定的三系杂交棉品种。2017年通过山东省审定（鲁审棉21070042），2018年通过国家审定（国审棉20180003）。以创新优良胞质不育恢复系为突破口，创建高效完善的强优势三系杂交棉育种技术体系，培育出山东省第一个三系杂交棉新品种，制订《质核互作雄性不育三系杂交棉制种技术规程》（NY/T 3079—2017），实现了杂交棉育种的新突破，2019年研究成果获山东省农业科学院科技进步奖一等奖和神农中华农业科技二等奖。

鲁杂2138典型单株

二、成果特点

1. 丰产性突出、稳产性好

山东省杂交棉区试，皮棉、霜前皮棉亩产分别为145.1千克和136.6千克，均比对照鲁棉研28号增产10%以上；国家黄河流域杂交棉区试，皮棉、霜前皮棉亩产分别为114.7千克和105.7千克，分别比对照人工制种瑞杂816增产5.5%和2.5%。国家和山东省两年区试平均，鲁杂2138皮棉产量均居参试第一位。

2. 纤维品质优良，抗逆性强

农业部棉花品质监督检验测试中心测试结果，鲁杂2138纤维上半部平均长度29.4毫米，比强度30.5牛/特克斯，整齐度85.2%，纺纱均匀性指数144.5，纤维综合性状优良；山东省区试抗性鉴定，鲁杂2138枯萎病指数9.18，黄萎病指数23.29；黄河流域区试抗病虫鉴定结果，鲁杂2138枯萎病指数2.9，表现为高抗或抗枯萎病、耐黄萎病，高抗棉铃虫。

三、推广应用

随着劳动力成本增高，靠人工剥花去雄授粉的棉花杂交制种方式难以为继，三系杂交棉鲁杂2138制种省去了最为繁重的人工剥花去雄环节，以其独特的优势，具有较强的市场竞争力，自2017年示范推广以来，已累计种植51.4

万亩。平均亩增皮棉11.4千克，棉籽16.5千克，亩增纯收益204.0元，亩减少用工、用种投入85元。累计增产皮棉585.96万千克，棉籽848.1万千克，增加经济效益14 854.6万元。

完成单位：山东棉花研究中心

主要完成人：李汝忠，韩宗福，王宗文，孔凡金，王景会，申贵芳，邓永胜，段冰

通信地址：山东省济南市工业北路202号

联系电话：0531-66659425

获得知识产权和奖励证书

高产多抗棉花新品种——鲁棉1127

一、技术成果水平

鲁棉1127是山东棉花研究中心选育的转抗虫基因中熟常规品种，2018年通过国家审定（国审棉20180002），并获得国家西北内陆棉区转基因安全生产应用证书。

二、成果特点

1. 丰产性、稳产性好

2015—2016年参加黄河流域棉区中熟常规品种区域试验，两年平均籽棉、皮棉及霜前皮棉亩产分别为284.3千克、116.2千克和107.5千克，分别比对照石抗126增产7.2%、14.8%和13.5%。2017年生产试验，籽棉、皮棉及霜前皮棉亩产分别为285.77千克、116.16千克和107.82千克，分别比对照石抗126增产5.6%、17.3%和19.1%。

2. 抗性好，纤维品质优良

在国家黄河流域棉区区域试验中，高抗枯萎病（病情指数4.5），耐黄萎病（病情指数28.5），抗棉铃虫。农业部棉花品质监督检验测试中心测试结果，HVICC纤维上半部平均长度29.3毫米，断裂比强度31.3牛/特克斯，马克隆值5.4，断裂伸长率6.0%，反射率76.7%，黄度8.4，整齐度指数85.3%，纺纱均匀性指数144。

鲁棉1127典型单株

三、推广应用

鲁棉1127适宜在天津、山西南部、陕西关中、河北、山东、河南、江苏淮河以北和安徽淮河以北棉区种植。

2018—2019年，鲁棉1127在山东省累计推广15.8万亩。

完成单位：山东棉花研究中心

主要完成人：赵军胜，王家宝，高明伟，王秀丽，张超，陈荣，姜辉，柴启超，王永翠

通信地址：山东省济南市工业北路202号

联系电话：0531-66658256

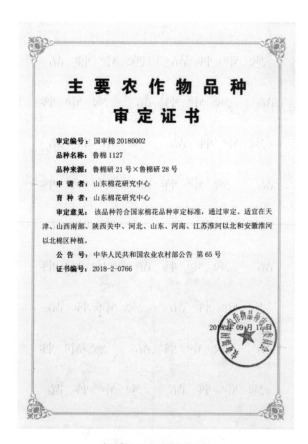

鲁棉1127审定证书

优质高产棉花新品种——鲁棉1131

一、技术成果水平

鲁棉1131是山东棉花研究中心选育的常规抗虫棉新品种，2015—2016年参加山东省区域试验，2017年完成山东省生产试验；2016—2017年参加国家黄河流域区域试验。2018年通过山东省品种审定委员会审定（鲁审棉20180003号）。

二、成果特点

1.纤维品质优异

2015—2016年山东省棉花品种区域试验测试，HVICC纤维上半部平均长度29.4毫米，断裂比强度29.5牛/特克斯，马克隆值5.3，纺纱均匀性指数133.8。2017年生产试验测试，HVICC纤维上半部平均长度30.3毫米，断裂比强度29.5牛/特克斯，马克隆值5.3，纺纱均匀性指数140.4。在国家区域试验中HVICC纤维上半部平均长度30.3毫米，断裂比强度32.3牛/特克斯，马克隆值4.7，断裂伸长率5.0%，反射率80.1%，黄度7.1，整齐度指数85.2%，纺纱均匀性指数155，纤维品质Ⅱ型。

鲁棉1131典型单株

2. 丰产性好

2015—2016年山东省棉花品种区域试验中，两年平均籽棉、皮棉及霜前皮棉亩产分别为291.6千克、126.9千克和120.0千克，分别比对照增产3.2%、8.1%和8.5%。2017年生产试验籽棉、皮棉及霜前皮棉亩产分别为304.2千克、128.9千克和122.9千克，分别比对照增产3.3%、6.7%和7.9%。

高抗枯萎病、耐黄萎病，高抗棉铃虫。

三、推广应用

鲁棉1131适宜在山东春棉区种植。目前，引种到河北、河南、山西等地区，表现良好，具有较大的推广应用潜力。

2018—2019年在山东省累计推广4.7万亩。

完成单位：山东棉花研究中心

主要完成人：赵军胜，高明伟，王家宝，王秀丽，陈莹，姜辉，张超，柴启超，王永翠

通信地址：山东省济南市工业北路202号

联系电话：0531-66658256

鲁棉1131审定证书

高产稳产多抗棉花新品种——鲁棉338

一、技术成果水平

鲁棉338是山东棉花研究中心选育的高产稳产多抗转基因抗虫棉新品种。2015—2016年参加山东省区域试验，2017年参加山东省生产试验，2018年通过山东省农作物品种审定委员会审定（鲁审棉20180002），当年通过引种试验成功引种到河北省（冀农告字〔2019〕1号）和天津市（津农委种植〔2018〕5号）等黄河流域主产棉区。

二、成果特点

1. 丰产稳产性突出

2015—2016年在山东省中熟棉花品种区域试验中，鲁棉338籽棉和霜前籽棉产量为4 449.0千克/公顷、4 282.5千克/公顷，分别比对照增产6.4%、9.6%；皮棉和霜前皮棉产量为1 912.5千克/公顷、1 852.5千克/公顷，分别比对照增产9.8%、13.1%。2017年在山东省生产试验中，籽棉和霜前籽棉产量为4 701.0千克/公顷、4 549.5千克/公顷，分别比对照增产6.4%、9.5%；皮棉和霜前皮棉产量为2 050.5千克/公顷、1 992.0千克/公顷，分别比对照增产13.2%、16.6%，皮棉和霜前皮棉产量均居所有参试品种第1位。

2. 纤维品质优良

鲁棉338渗入了海岛棉优异纤维染色体片段，纤维品质和衣分得到较好的协同改良，纤维品质优良。2015—2016年山东省区域试验样品经农业部纤维品质检测中心测试（HVICC标准），两年平均2.5%跨长29.2毫米，比强度30.6牛/特克斯，马克隆值5.2，纺纱均匀指数134.1。

3. 抗逆性强，适应性广

2015、2016年山东省区域试验鉴定，鲁棉338表现高抗棉铃虫，高抗枯萎病（枯萎病情指数3.9），耐黄萎病（黄萎病情指数19.9）。2017、2018年连续在滨州市和东营市中度以上盐碱地上进行示范种植，该品种表现出明显的耐盐性优势。已于2018年引种到河北省和天津市等黄河流域主产棉区，深受当地棉农欢迎，具有广阔的推广应用前景。

4. 适宜轻简化种植和机械化采收

2017年在山东东营进行机采棉品种示范，整个示范试验全生育期内除打顶外不整枝，鲁棉338表现极为突出：植株稍紧凑，抗倒伏，赘芽少，通风透光性好，蕾铃脱落少，早熟性较好，烂铃轻，吐絮好、易采摘且含絮力好，籽棉产量5 489.4千克/公顷，皮棉产量2 387.9千克/公顷。

三、推广应用

鲁棉338适宜在山东省、河北省和天津市等的滨海与内陆盐碱地及山东鲁西南地区等黄河流域棉区推广种植，尤其适宜于盐碱地、旱沙地和瘠薄地种植。2018年引种到河北省和天津市等黄河流域主产棉区后，深受棉农欢迎，为棉农增收起到促进作用，具有广阔的推广应用前景。截至目前，该品种转让费达已达55余万元。

完成单位：山东棉花研究中心
主要完成人：张军，王芙蓉，陈煜，张传云，张景霞，周娟，刘国栋，杜召海
通信地址：山东省济南市工业北路202号
联系电话：0531-66658286

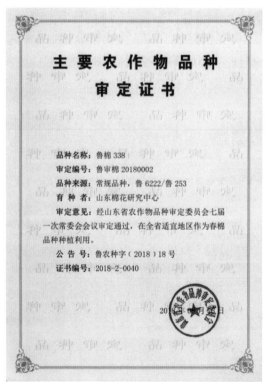

鲁棉338审定证书及典型单株

优质高产棉花新品种——鲁棉424

一、技术成果水平

鲁棉424是山东棉花研究中心选育的常规抗虫棉新品种，2014年参加河南省品种比较试验，2015—2016年参加河南省区域区试，2017年参加河南省生产试验，2018年3月通过河南省审定（豫审棉20180004）。

二、成果特点

1. 丰产稳产性好

2015年区域试验，平均亩产籽棉、皮棉和霜前皮棉分别为293.7千克、122.3千克和112.4千克，比对照鲁棉研28号增产9.4%、9.9%和11.6%；2016年区域试验，平均亩产籽棉、皮棉和霜前皮棉分别为297.4千克、121.9千克和113.2千克，分别比对照鲁棉研28增产7.1%、10.0%和11.5%；2017年生产试验，平均亩产籽棉、皮棉和霜前皮棉分别为265.0千克、107.0千克和100.0千克，比对照鲁棉研28增产8.3%、10.5%和10.8%。皮棉增产均达极显著水平。

典型单株

2. 纤维品质优良

2015—2016年区域试验中，经农业部棉花品质监督检验测试中心检测（HVICC），纤维上半部平均长度29.5毫米，断裂比强31.2牛/特克斯，马克隆值5.3，伸长率8.1%，反射率79.4%，黄度6.9，整齐度指数85.2%，纺纱均匀性指数143.5。

2015—2016年中国农业科学院棉花研究所鉴定，抗枯萎病，耐黄萎病，高抗棉铃虫。

三、推广应用

鲁棉424适宜在河南春棉区种植。

完成单位：山东棉花研究中心
主要完成人：刘任重，王立国，柳展基，傅明川，李浩，陈义珍
通信地址：山东省济南市工业北路202号
联系电话：0531-66659014

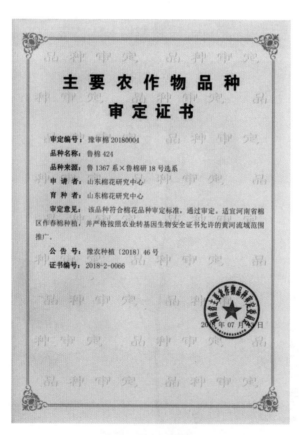

鲁棉424审定证书

花生新品种——花育6301

一、技术成果水平

2016年通过山东省审定，2019年通过农业农村部非主要农作物品种登记。

二、成果特点

花育6301为典型半匍匐小花生品种，具有早熟、品质优良、综合抗性突出等特点。在2014—2015年山东省区域试验中，第一年平均亩产荚果232.84千克，籽仁160.80千克，分别比对照白沙1016增产18.44%和18.12%；第二年平均亩产荚果287.67千克，籽仁198.66千克，分别比对照白沙1016增产11.27%和12.34%。籽仁椭圆形，浅粉色，粗蛋白含量22.38%，粗脂肪含量54.26%，油酸含量48.9%，亚油酸含量30.6%，O/L值为1.60。种子休眠性中等，耐储藏性好，适应性广，抗病性及耐涝性较强，较抗旱，耐盐碱。

花育6301审定证书

花育6301植株

三、推广应用

目前，已在山东胶东地区和东北地区进行了推广示范，该品种适宜在黄河流域生态区山东、河南、河北、安徽、辽宁、江苏等北方小花生产区春季和夏季种植。

完成单位：山东省花生研究所
主要完成人：单世华，闫彩霞，张廷婷，李春娟，赵小波，王娟
通信地址：山东省青岛市万年泉路126号
联系电话：0532-87626756

花育6301荚果和籽仁

花生新品种——花育67

一、技术成果水平

2014年通过辽宁省非主要农作物品种备案，2019年通过农业农村部非主要农作物品种登记。

二、成果特点

花育67为稳产优质小花生品种，籽仁口感细腻，适合出口、加工及榨油等用途。在2012—2013年辽宁省新品种区试中，第一年平均亩产荚果286.48千克，籽仁199.10千克，分别比对照白沙1016增产7.8%和7.5%；第二年平均亩产荚果295.12千克，籽仁205.11千克，分别比对照白沙1016增产8.6%和8.3%。籽仁椭圆形或圆形，浅红色，粗蛋白含量30.35%，粗脂肪含量51.82%，O/L值为1.94。该品种休眠性中等，抗病性及抗旱、耐涝性较强，较耐盐碱。

花育67登记证书

花育67植株

三、推广应用

目前，已在辽宁和山东部分地区进行了推广示范，产量突出，适宜在黄河流域生态区山东、河南、河北、安徽、辽宁、江苏等北方小花生产区春季和夏季种植。

完成单位：山东省花生研究所

主要完成人：单世华，闫彩霞，李春娟，张廷婷，郭峰，宫清轩，许婷婷，赵小波

通信地址：山东省青岛市万年泉路126号

联系电话：0532-87626756

花育67荚果和籽仁

花生新品种——花育9303

一、技术成果水平

2015年通过辽宁省非主要农作物品种备案，2019年通过农业农村部非主要农作物品种登记。

二、成果特点

花育9303为典型珍珠豆型小花生，籽仁饱满，质地紧密，出米率高，口感好，适合鲜食和作加工食品。在2013—2014年辽宁省新品种区试中，第一年平均亩产荚果321.82千克，籽仁239.34千克，分别比对照白沙17增产10.64%和13.85%；第二年平均亩产荚果312.64千克，籽仁232.51千克，分别比对照白沙17增产9.75%和11.22%。籽仁椭圆形或圆形，浅红色，粗蛋白含量23.0%，粗脂肪含量53.2%，O/L值为1.29。该品种休眠期长，收获期不早衰，抗叶斑病和锈病，耐盐碱、抗旱性很强、耐涝性强。

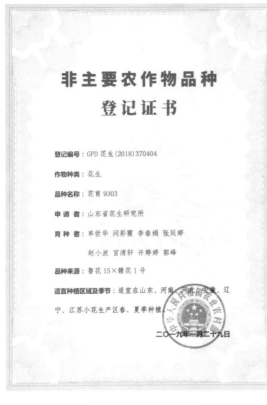

花育9303登记证书

花育9303植株

三、推广应用

目前，已在辽宁和山东部分地区进行了推广示范，产量突出，适宜在黄河流域生态区山东、河南、河北、安徽、辽宁、江苏等北方小花生产区春季和夏季种植。

完成单位：山东省花生研究所

主要完成人：单世华，闫彩霞，李春娟，张廷婷，赵小波，宫清轩，许婷婷，郭峰

通信地址：山东省青岛市万年泉路126号

联系电话：0532-87626756

花育9303荚果和籽仁

花生新品种——花育9306

一、技术成果水平

2015年通过安徽省非主要农作物品种鉴定登记，2016年通过辽宁省非主要农作物品种备案，2019年通过农业农村部非主要农作物品种登记。

二、成果特点

花育9306为早熟普通型大花生，籽仁饱满、产量高、卖相好，适合出口。在2013—2014年安徽省新品种区试中，平均亩产荚果386.15千克，籽仁294.58千克，分别比对照丰花1号增产20.3%和22.0%；在2014—2015年辽宁省新品种区试中，平均亩产荚果367.58千克，籽仁281.95千克，分别比对照白沙17增产19.4%和20.1%。籽仁长椭圆形，浅红色，粗蛋白含量24.82%，粗脂肪含量52.78%，O/L值为1.66。该品种休眠期长，抗叶斑病和锈病，耐涝性强，较耐盐碱。

花育9306登记证书

花育9306植株

三、推广应用

目前，已在辽宁、安徽及山东部分地区进行了推广示范，产量突出。适宜在北方大花生产区春季种植。

完成单位：山东省花生研究所
主要完成人：单世华，闫彩霞，李春娟，赵小波，张廷婷，许婷婷，郭峰
通信地址：山东省青岛市万年泉路126号
联系电话：0532-87626756

花育9306荚果和籽仁

花生新品种——花育9308

一、技术成果水平

2015年通过安徽省非主要农作物品种鉴定登记，2019年通过农业农村部非主要农作物品种登记。

二、成果特点

花育9308为中晚熟普通型大花生，籽仁饱满、产量高、卖相好，适合出口。在2013—2014年安徽省新品种区试中，第一年平均亩产荚果379千克，籽仁290千克，分别比对照丰花1号增产17.6%和16.5%；第二年平均亩产荚果390千克，籽仁292千克，分别比对照丰花1号增产18.5%和17.7%。籽仁长椭圆形，浅红色，粗蛋白含量25.79%，粗脂肪含量53.65%，O/L值为1.79。该品种休眠期长，抗叶斑病和锈病，耐涝性强，耐盐碱。

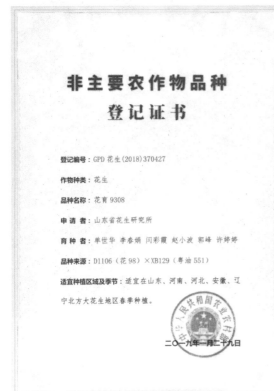

花育9308登记证书

花育9308植株（右侧为对照）

三、推广应用

目前，已在辽宁、安徽及山东部分地区进行了推广示范，产量突出。适宜在北方大花生产区春季种植。

完成单位：山东省花生研究所
主要完成人：单世华，李春娟，闫彩霞，赵小波，郭峰，许婷婷
通信地址：山东省青岛市万年泉路126号
联系电话：0532-87626756

花育9308荚果和籽仁

出口型花生新品种——花育955

一、技术成果水平

2015年通过安徽省鉴定，2019年通过非主要农作物品种登记。

二、成果特点

花育955号属早熟直立大花生，春播生育期130天左右，麦套或夏直播105天左右。株高42厘米左右，株型直立，分枝数9条左右，叶色较绿，结果集中，果柄较长。荚果网纹较清晰，普通型，籽仁浅粉色，无裂纹；百果重209～250克，百仁重100～111克，出米率73%左右，脂肪含量48.43%，蛋白质含量23.46%左右，油酸含量50.02%，亚油酸含量33.21%。2013年山东省花生研究所试验站品种比较试验，亩产荚果375.81千克/亩，比对照鲁花11号增产13.77%。2014年，山东省花生研究所试验站品比试验，亩产荚果384.41千克/亩，比对照鲁花11号增产9.85%。2015年安徽大花生区试，单产荚果312.78千克/亩，比对照鲁花8号增产11.56%。

花育955登记证书

三、推广应用

花育955适宜在黄河流域生态区山东、河南、河北、安徽、辽宁等北方大花生产区春季和夏季种植。无论是内在品质和外观形状，完全替代目前出口的所有花生品种，是出口"山东大花生"的又一次品种更新革命。日本客商评价"花育955比现有的品种甜度更高，口感更好。外形是细长形，跟以前的花生一样，很漂亮"。

完成单位：山东省花生研究所

主要完成人：陈静，苗华荣，胡晓辉，崔凤高，杨伟强

通信地址：山东省青岛市万年泉路126号

联系电话：0532-87631512

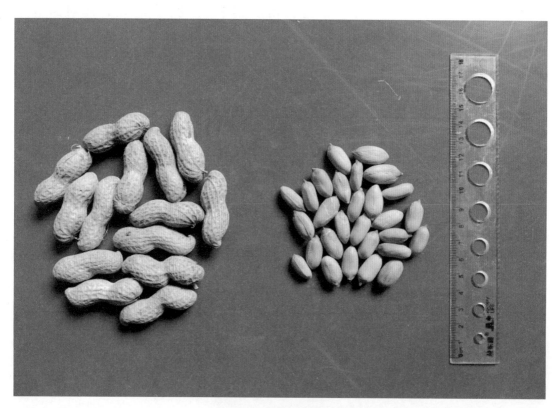

花育955荚果和籽仁

高产抗逆花生新品种——花育36号

一、技术成果水平

2011年通过山东省品种审定委员会审定，2013年通过国家鉴定，2016年获得植物新品种保护权，2019年通过非主要农作物品种登记。

二、成果特点

花育36号属高产优质大花生，春播生育期127天，主茎高46.2厘米；荚果普通型，网纹深，果腰浅；籽仁近椭圆形，种皮粉红色，有裂纹，内种皮白色；百果重252.7克，百仁重107.8克，出米率70.9%；蛋白质含量22.8%，脂肪44.3%，油酸39.1%，亚油酸39.5%，O/L值1.07。在2008—2009年全省大粒组区试，两年平均亩产荚果361.8千克、籽仁257.2千克，分别比对照丰花1号增产8.1%和10.0%；2010年生产试验平均亩产荚果315.2千克、籽仁220.7千克，分别比对照丰花1号增产8.5%和9.0%。2014年山东东营盐碱地花生每亩产量达496.4千克；2016年山东聊城大蒜茬夏花生每亩产量达562.6千克；2017年山东聊城盐碱地麦后夏直播花生每亩产量达506.53千克。花育36号是最早选育出的耐盐碱花生品种，高产、抗病特性突出，是山东、东北、新疆等地的主要推广品种、高产创建主要品种、山东省主导品种等。

花育36号新品种权证书

三、推广应用

花育36号适宜在黄河流域生态区山东、河南、河北、安徽、辽宁等北方大花生产区春季和夏季种植。全国累计推广面积120万亩左右，新增直接经济效益1.9亿元。

完成单位：山东省花生研究所
主要完成人：陈静，苗华荣，胡晓辉
通信地址：山东省青岛市万年泉路126号
联系电话：0532-87631512

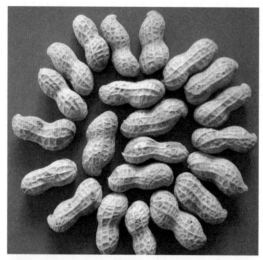

花育36号荚果和籽仁

高油酸花生新品种——花育51号

一、品种审定情况

2013年通过安徽省鉴定，2018年获得植物新品种权证书，2019年通过国家非主要农作物品种登记。

二、成果特点

花育51号属早熟小花生品种。春播生育期125天；主茎高50厘米，分枝数8～9条；株型直立，连续开花，叶色绿，结果较集中，抗倒伏。荚果近茧形，网纹浅，果腰较浅；籽仁无裂纹，种皮粉红色。百果重173.75克，百仁重64.45克，出米率74.18%。脂肪含量51.9%，蛋白质含量25.8%，油酸含量80.31%，亚油酸含量3.36%，O/L值为23.90。山东省花生研究所品种比较试验，2011年平均单产荚果282.43千克/亩，比对照花育23号增产10.81%；2012年平均单产荚果269.87千克/亩，比对照花育23号增产6.22%。安徽夏播花生区域试验，单产荚果318.5千克/亩，比对照白沙1016增产18.18%。

花育51号登记证书

花育51号新品种权证书

三、推广应用

花育51号参加全国高油酸协作组组织的高油酸品种展示，在山东、河南、河北、辽宁、吉林等地均有种植。该品种为高油酸花生品种，市场前景广阔。

完成单位：山东省花生研究所
主要完成人：陈静，胡晓辉，苗华荣，杨伟强，崔凤高
通信地址：山东省青岛市万年泉路126号
联系电话：0532-87621512

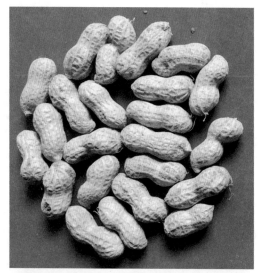

花育51号荚果和籽仁

苹果新品种——鲁丽

一、技术成果水平

该品种于2016年10月通过科技成果评价，2017年通过山东省林木品种审定（审定编号鲁S-SV-MD-037-2016），2019年获农业农村部授权植物新品种权（CNA20172523.1）。

二、成果特点

鲁丽苹果属于中早熟品种，该品种具果实高桩、果面浓红、外观艳丽，优质、早果、丰产稳产的特点，适应性和抗逆性均强，耐瘠薄土壤，抗炭疽病、叶枯病等。鲁丽苹果在果实上表现为圆锥形，高桩，果形指数0.9以上，果实大小整齐一致；果面盖色鲜红，底色黄绿，片红，无袋栽培条件下着色程度在85%以上；果面光滑，有蜡质；果点小；果心小，果肉淡黄色，肉质细、硬脆，汁液多，甜酸适度，香气浓；果实去皮硬度为9.2千克/平方厘米，可溶性固形物含量14.4%，可溶性糖12.1%，可滴定酸0.30%。鲁丽苹果果实发育期110天左右，成熟期比对照'嘎啦'早7~10天。早果、丰产性好，乔化砧木栽培条件下，4年生树亩产即可达到1 828.0千克，5年生树亩产2 533.7千克，采用矮化砧木栽培，3年生树实现亩产1 533.0千克，比'嘎啦'高7%左右。鲁丽苹果栽培无须套袋，即可实现优质生产，克服套袋成本过高的弊端，降低生产成本50%以上。该品种适应性强，耐瘠薄土壤，高抗炭疽病、叶枯病，抗病性优于'嘎啦'。

三、推广应用

该品种已在山东、河南、山西、陕西、河北、辽宁等苹果适生区进行了推广种植，据统计，鲁丽苹果在2016—2020年累计推广20.5万亩，新增社会经济效益2亿多元，对于改善我国苹果品种结构、满足市场供应、实现苹果产业节本增效和转型升级具有重要意义，推广前景十分广阔。

完成单位：山东省果树研究所
主要完成人：李林光，何平，王海波，常源升，等
通信地址：山东省泰安市龙潭路66号
联系电话：0538-8266650

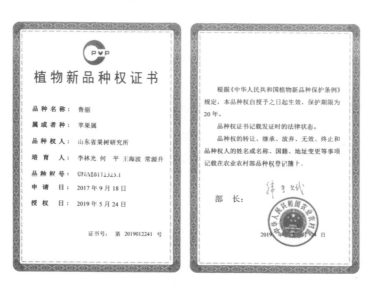

植物新品种权证书

鲁丽果实

野香核桃

一、技术成果水平

野香（原代号WYZ3-10）2018年获得国家植物新品种权。

二、成果特点

以野核桃（*J. cathayensis* Dode）为母本，与早实核桃（*J. regia* L.）品种'香玲''丰辉'等品种，开放授粉杂交，获得杂交种；经过杂交种子代的培育，获得野核桃杂交F_1代56株。调查F_1代树体的物候期、植物学性状、早实性、坚果性状、丰产性和抗逆性，评价出优株，然后再与父本进行两次回交，获得杂交种，2005年播种，2006年定植，2007年获得F_3代杂种苗200多株，2008年评价出12个优株。

野香核桃壳面光滑，美观；缝合线宽隆，结合紧密，壳厚1.5～1.8毫米，内褶壁退化，横膈膜膜质，易取整仁。核仁充实饱满，光滑，乳白色，出仁率35.2%～42.3%；细香独特。在山东泰安地区3月下旬发芽，雄花期4月上旬，雌花期4月中旬，雄先型。坚果9月上旬成熟，11月上中旬落叶。抗病，耐干旱瘠薄，抗逆性强，抗病。

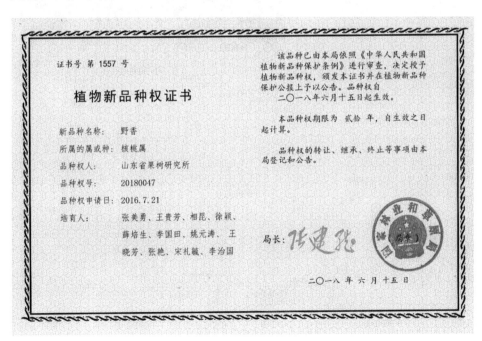

野香核桃植物新品种权证书

三、推广应用

适宜在我国北方核桃主产区种植，如山东、山西、陕西和河北等省。

完成单位：山东省果树研究所

主要完成人：张美勇，王贵芳，相昆，徐颖，薛培生，李国田，姚远涛，王晓芳，张艳，宋礼毓，李治国

通信地址：山东省泰安市龙潭路66号

联系电话：0538-8266650

野香核桃坚果

野香核桃结果状

优质高效特色小型肉鸡——817肉鸡

一、技术成果水平

817肉鸡是山东省农业科学院家禽研究所通过杂交制种技术研发的新品种肉鸡，目前产业发展过程中存在制种不规范等问题，家禽遗传育种团队研究制定了山东省畜牧协会团体标准《817肉鸡制种场》（T/SDAA 002—2019）、《817肉鸡制种技术规范》（T/SDAA 001—2019）、山东省地方标准《817肉鸡》（DB37/T 2682.1—2015）和《817肉鸡饲养管理技术规程》（DB37/T 2682.2—2015），形成了完善的技术体系。

二、成果特点

1.最经济的制种模式

山东省农业科学院家禽研究所在研究扒鸡专用型鸡种的过程中，探索出肉鸡和蛋鸡杂交的配套模式，是最经济的制种模式，突出表现为商品代褐壳蛋鸡价格低、产蛋量高，商品代雏鸡成本低。

2.充分利用世界先进的育种成果

该制种模式的最大优点是，充分利用了世界肉鸡、蛋鸡育种最先进的育种成果，30年来褐壳蛋鸡产蛋量提高了30多个，肉鸡7周龄体重增加了1 000克以上，反映在817肉鸡上则是达到1千克出栏体重的时间由8周龄提前到5周龄，料肉比从2.37：1下降到1.7：1。

3.市场潜力大

817肉鸡的培育目的是培育扒鸡型专用肉鸡，该配套系的育成，使扒鸡加工实现了现代化、标准化生产。养殖区域从山东德州、聊城等扩展到安徽、河南、河北、江苏等全国多数省份。开发出白条鸡、西装鸡、调理鸡、烤鸡等几十个产品销往北京、上海、深圳、广州等全国各地。

4.经济效益高

正常年份一只817肉鸡的养殖收益一般在1.0～1.5元，经济效益的核算应扩展到整个产业链，从种鸡饲养、孵化、商品代饲养、饲料工业、屠宰加工业和物流业等形成的产业链去考察，整个产业链的经济社会效益是可观的。

三、推广应用

817肉鸡在我国肉鸡生产中具有重要地位。其制种及健康养殖技术推广应用30多年来，已发展成为我国肉鸡生产的三大品种类型之一。中国畜牧业协会统计，全国2019年出栏量15.36亿只，产肉量约为173万吨，分别占全国肉鸡出栏量的14.29%、产肉量的11%，出栏量和产肉量分别比2018年提高19%和21%。因此，817肉鸡在我国肉鸡生产品种结构中占有重要地位。

完成单位：山东省农业科学院家禽研究所
主要完成人：曹顶国，雷秋霞，韩海霞，等
通信地址：山东省济南市工业北路202号
联系人及电话：曹顶国 13969086132，雷秋霞 13969102405

817肉鸡雏鸡

817肉鸡种鸡舍（下面第二层为父系公鸡）

817肉鸡商品代鸡舍

新品种——鲁西黑头羊

一、技术成果水平

鲁西黑头羊是以黑头杜泊公羊为父本，小尾寒羊为母本，采用常规动物育种与分子标记辅助选择相结合的技术方法，选育成的专门化多胎肉羊新品种，2018年1月获畜禽新品种证书。主产于山东聊城市各县区。

二、成果特点

鲁西黑头羊头颈部被毛黑色，体躯被毛白色，公母羊均无角，瘦尾。成年公羊体重102.8千克，母羊76.8千克；公羊初配年龄10月龄，母羊常年发情，8月龄配种，二年三产，平均产羔率220%以上。

公羔肥育至5月龄平均体重49.1千克，屠宰率56.6%。羊肉中含粗蛋白19.8%，粗脂肪3.1%，氨基酸18.2%；亚油酸0.9%；亚麻酸0.04%，α-亚麻酸0.14%。硬脂酸含量低，膻味轻。胆固醇含量低（59.2毫克/100克），是生产高档羊肉理想品种。

生产研究结果表明，饲养一只新品种母羊比当地绵羊可增收500元以上；育肥一只新品种肉羊，屠宰率比当地绵羊提高8.28个百分点，每只比当地绵羊多产净肉4.18千克，只均增收200元以上。

鲁西黑头羊具有早熟、繁殖率高、生长快，肉质好、耐粗饲、适应性强、适合舍饲圈养等特点，既可作父本对低产品种进行杂交改良，又可纯繁进行商品生产。宜在长江以北农区、牧区推广。

三、推广应用

该品种先后推广到河北、河南、山西、吉林、内蒙古、新疆等9省（区），深受养殖户欢迎。新品种培育期间，推广种羊6.76万只，生产优质肉羊108万只，累计增收2.4亿元。新品种审定后，到2019年推广种羊2.24万只，生产优质肉羊18.3万只，增收4 780万元，经济、生态和社会效益显著。

目前，鲁西黑头羊养殖生产，已形成以山东省农业科学院畜牧兽医研究所种群为核心的良种肉羊繁育生产体系，成为当地特色养殖产业之一，也是当地政府实施精准扶贫的优先选项，推广前景广阔。

完成单位：山东省农业科学院畜牧兽医研究所
主要完成人：崔绪奎，刘昭华，王可，王继英

通信地址：山东省济南市交校路1号

联系电话：0531-85999436

鲁西黑头羊

新品种——枣庄黑盖猪

一、技术成果水平

该项目针对枣庄黑盖猪种群濒临灭绝、遗传纯度差、种质特性不清等问题，经过15年的选育提纯，保护性搜集枣庄黑盖猪，系统研究了枣庄黑盖猪的种质特性及高效繁育技术；项目获国家遗传资源1个，授权专利5件和软件著作权2项，制订山东省地方标准2项，发表论文10篇。

二、成果特点

枣庄黑盖猪资源挖掘、种质特性评价及开发利用成果，包括对枣庄黑盖猪进行了种质资源保护性搜集、扩繁和选育，形成了猪群整齐、体型外貌一致的枣庄黑盖猪保种核心群，通过了国家畜禽遗传资源委员会审定；系统测定了枣庄黑盖猪的生长发育、繁殖、胴体和肉质等性能，从基因组水平证明枣庄黑盖猪是一个独立的地方猪遗传资源，为进一步利用枣庄黑盖猪培育新品种或配套系提供了理论依据；通过一系列关键配套技术的研发与集成，创建了林下养殖、生产和屠宰环节追溯信息采集等枣庄黑盖猪生态养殖和优质猪肉生产模式，建立了养殖基地5处，开发了特色品牌猪肉制品。

林下放养枣庄黑盖猪

三、推广应用

项目推广利用枣庄黑盖猪5.59万头，枣庄黑盖猪杂交猪22.8万头，在30万头猪中推广关键技术，累计创经济效益22 164.91万元。该项目为挽救这一枣庄地区特有的优质猪种资源作出了重要贡献，具有巨大的社会效益。

完成单位：山东省农业科学院畜牧兽医研究所

主要完成人：王继英，成建国，土彦半，蔺海朝，谢晋唐，林松，赵雪艳，王诚

通信地址：山东省济南市交校路1号

联系电话：0531-85999436

中华人民共和国农业农村部公告

第 168 号

阿什旦牦牛等9个畜禽新品种配套系和枣庄黑盖猪等2个畜禽遗传资源，业经国家畜禽遗传资源委员会审定、鉴定通过。根据《畜禽新品种配套系审定和畜禽遗传资源鉴定办法》的规定，由国家畜禽遗传资源委员会颁发畜禽新品种配套系证书。

特此公告。

附件：1. 阿什旦牦牛等9个畜禽新品种配套系目录

2. 枣庄黑盖猪等2个畜禽遗传资源目录

2019 年 4 月 28 日

枣庄黑盖猪遗传资源公告

家蚕新品种——0547×0548

一、技术成果水平

通过北方蚕业科研协作区（2012）家蚕品种的审定，适于山东省等北方蚕区优质原料茧生产的春用家蚕品种。

二、成果特点

家蚕一代杂交种0547×0548为高产、优质、强健、适应性强的春用蚕品种。该品种具有适应性强、健康性好、产茧量高且稳定、茧丝质优、茧丝价格较高、经济性状优良等特点，基本适于现代省力高效规模化养蚕模式家蚕品种需求，适宜在山东等北方蚕区推广应用。经过北方蚕业科研协作区实验室联合鉴定，家蚕新品种0547×0548表现出孵化良好，发育整齐，食桑旺盛，上蔟齐涌，具有生命力强、茧大匀整、产量高、茧层厚、品质优良、健康好养等特点。与现行生产用种菁松×皓月相比，万蚕收茧量、万蚕茧层量、万蚕产丝量、全茧量、茧层量分别比对照品种提高4.90%、11.29%、9.63%、4.24%、9.46%；虫蛹统一

获山东省农业科学院科技进步奖一等奖

生命率96.22%，茧层率25.41%，鲜毛茧出丝率20.47%，茧丝长1 346.6米，解舒率76.72%，解舒丝长1 033.1米，洁净94.19分，纤度3.147D，达到缫制高品位生丝的要求。与此同时，家蚕新品种0547×0548分别在海阳市丝绸公司、安丘市丝绸公司进行了农村试养试验，仍表现出孵化、眠起齐一、发育整齐、适应性强、健康性好、产量高且稳定、茧丝质优等特点。结果表明，新品种0547×0548的农村试养表现与实验室鉴定结果基本趋于一致，该品种在产量、品质、健康性方面均衡提高，这对于提高养蚕省力化操作、适度规模效益性经营提供了多元化蚕品种支持。

三、推广应用

2013年至今，0547×0548已在莒县、五莲、高青、海阳、安丘、泰安、陕

西安康等县市丝绸公司进行了示范、推广、应用，极大地提高了广大蚕农和丝绸企业的收益，创造了良好的经济效益和社会效益，应用企业近3年来累计销售44 751万元，新增利润15 889万元。

完成单位：山东省蚕业研究所

主要完成人：张凤林，娄齐年，周丽霞，王安皆，聂磊，王娜华，华丽峰，郭光，李智峰，于振诚

通信地址：山东省烟台市只楚北路21号

联系电话：0535-6532192

家蚕品种0547×0548的审定证书

第三部分　新技术

冬小麦夏玉米一次性施肥技术

一、技术成果水平

"冬小麦夏玉米一次性施肥技术"为2018年山东省科学技术进步奖一等奖"我国主要粮食作物一次性施肥关键技术与应用"项目的核心技术，山东省农业科学院农业资源与环境研究所为第一完成单位和第一产权单位，联合中国农业大学、中国科学院南京土壤研究所、中国农业科学院农业资源与农业区划研究所等共9家单位共同完成。

二、成果特点

针对粮食作物施肥次数多、施肥量大、肥料利用率低、劳动力成本高等问题，创建了冬小麦夏玉米一次性施肥技术体系。研发出与作物养分需求相匹配的冬小麦夏玉米一次性施肥专用肥料品种、以新型专用缓控释肥料为载体并配以小麦玉米联合作业机械实现播种和施肥一次性操作，实现了作物高产与养分资源的高效利用，阐明了粮食作物一次性施肥的产量、效率、土壤、环境等综合效应，建立了冬小麦夏玉米一次性施肥的关键技术参数。创建了主要粮食作物一次性施肥技术体系，形成了系列一次性施肥的技术规程和标准，在典型生产区域通过试验示范，对小麦玉米机械化、规模化、轻简化生产具有重要的意义，在当前劳动力数量少、生产成本高、比较效益低的粮食作物生产条件下具有极其重要的推广价值。

获奖证书

三、推广应用

本项技术已在黄淮海冬小麦夏玉米轮作种植区域如山东、河北、河南、江苏等省进行了大面积推广应用。以山东为例，截至2017年，已累计推广面积2 250万亩，可增产5.1%～10.3%，增效5.7%～15.0%，减氮20%仍能维持产量不降低且增效7.3%～26.4%，减少氮损失17%～40%，节约用工7～15个/公顷，每亩可节本增收120元以上，具有显著的经济效益、社会效益和生态效益。该技术成果在保障我国粮食安全及农业可持续发展方面发挥了重要作用。

完成单位：山东省农业科学院农业资源与环境研究所

主要完成人：刘兆辉，谭德水，林海涛，李彦，江丽华，张玉凤，张英鹏，王梅，刘苹，徐钰，吴小宾

通信地址：山东省济南市工业北路202号

联系电话：0531-66658353

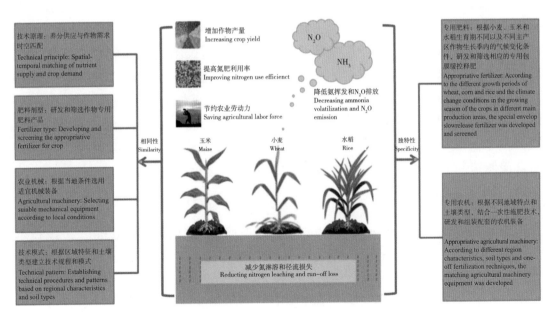

冬小麦夏玉米一次性施肥技术示意图

小麦两深一浅简化高效栽培技术

一、技术成果水平

该技术获得山东省农业科学院科学技术奖一等奖，并被确定为山东省农业主推技术；2017年获得国家授权专利。

二、成果特点

该技术通过苗带旋耕创造良好种床、振动深松打破犁底层促进根系下扎、肥料分层深施提高养分利用效率、等深匀播和播后镇压等作业，利用配套免耕施肥播种机一次性完成耕整地、施肥、播种、镇压等复式作业，在减少作业次数、降低作业成本的同时，有效解决了当前旋耕播种土壤养分富集表层、肥料利用率不高，小麦根系分布浅、抗逆能力低、易早衰，播种质量差导致的深播苗、悬空苗、疙瘩苗和缺苗断垄等问题，较传统栽培技术增产8%～13%，节本6%～10%，较好地实现了小麦节本增效和增产增收。

技术要点：深松施肥播种镇压复式作业，前茬作物秸秆粉碎还田后，在适宜播种期内及土壤墒情适宜时，用专用小麦播种机一次完成苗带旋耕、深松（深松深度大于25厘米）、肥料集中分层深施（基肥施用深度分别为12～15厘米和17～20厘米，每亩施复合肥40千克左右）、适墒均匀浅播（播种深度3～4厘米）、播后镇压等复式作业。适宜播种期内，小麦播种量7～9千克/亩；品种选择，选用产量潜力高、抗逆性强、适应性广的优良品种；病虫草害综合防控，在冬前及早春，结合当地病虫草害发生实际情况进行；水肥管理，拔节期结合灌溉进行合理追肥；根据生育中后期情况，进行一喷三防。

三、推广应用

通过示范带动、现场观摩、技术宣传等形式进行技术示范推广，该技术在菏泽、济宁、泰安、济南、潍坊、滨州等地市迅速推广。截至2018年，累计推广面积2 000万亩以上。比传统生产技术增产5%～10%，耕种环节机械作业成本分别比旋耕播种和翻耕播种降低45元/亩和70元/亩，平均每亩增收节支约120元。

完成单位：山东省农业科学院作物研究所
主要完成人：王法宏，张宾，李华伟，李升东，孔令安，冯波，等

通信地址：山东省济南市工业北路202号

联系电话：0531-66658123

专利及获奖证书

小麦两深一浅田间出苗情况

小麦耕层优化二次镇压保墒抗逆高效技术

一、技术成果水平

该成果建立了以铧式犁深耕与动力耙碎土组合为核心的碎土整平二次镇压技术，并实现了农机农业融合，显著提高了整地播种作业质量和效率，降低了生产成本，为技术成果的大面积推广提供了技术和装备支撑。2019年1月，小麦轻简高效绿色栽培技术研究与应用，获山东省农业科学院科学技术奖一等奖；2019年4月通过中国农学会组织的成果评价，得到于振文院士、赵振东院士、郭文善教授、郭天财教授、赵明研究员、尚书旗教授、高瑞杰研究员等评委专家的一致认可，并给予较高评价。

二、成果特点

二次镇压保墒壮苗技术的主要流程为：上季作物收获、秸秆还田和深耕后，通过二次镇压施肥播种一体机，一次完成驱动耙碎土整平和耕层肥料匀施、镇压辊播种前苗床镇压、宽幅播种、播种后镇压轮二次镇压等复式作业，实现高效高质量整地播种；通过土壤深翻秸秆掩埋、基肥耕层匀施和播前播后二次镇压等措施，改善耕层土壤结构、提高秸秆还田质量、抑制土壤菌源数量、提高小麦播种质量，为小麦一播全苗和形成壮苗奠定基础。此外，该技术通过翻耕进行秸秆掩埋，能有效抑制小麦茎基腐病、赤霉病的菌源数量，大幅度降低了茎基腐病等土传病害对小麦的为害，达到土壤保墒与小麦苗齐苗壮的目的。此外，该技术配套播种机还可以根据生产需要，在整地播种同时进行滴管带铺设作业。

三、推广应用

2017年夏津县雷集镇轻度盐碱地平均亩产562.0千克，均比相邻传统栽培地块增产20%以上；2019年，经专家组测产，在聊城市茌平县韩屯镇创造了764.9千克的小麦高产典型；在德州市夏津县义渡口乡创造了优质强筋小麦（济麦44）亩产602.8千克的高产典型，比对照增产6.43%，较好地协调了高产与优质的矛盾。目前，该技术在德州、聊城、潍坊、淄博、滨州、济南、泰安、济宁等地实现了规模化应用，受到种粮大户、专业合作社和家庭农场等新型农业经营主体的认可和欢迎。在德州市夏津县，要求应用该技术的用户订单面积快速扩大，超出了托管企业的现有农机作业能力，企业因此增加了农机购置预算；2019年度，该技术在山东省进行了大面积推广应用，同时在河北和河南省部分地区开展了试验示范，整地播种效果受到农机手和农户认可。2019年，该技术配套播种机生产企业出现了播种机生产供不应求的局面。2019年1月，农业农村部小麦专家指导组对小麦田间生长情况和配套农机进行了现场考察，对该技术给予了充分肯定。据不完全统计，2019年该技术的播种应用面积已突破400万亩。

完成单位：山东省农业科学院作物研究所
主要完成人：王法宏，张宾，李华伟，孔令安，冯波，等
通信地址：山东省济南市工业北路202号
联系电话：0531-66658123

高产田二次镇压苗期

糯玉米提质增效标准化生产技术

一、技术成果水平

根据糯玉米品种生物学特性，以水肥高效利用和优质专用品质要求为核心，集成创新了5项地方标准，授权发明专利1项，出版著作2部，并进行了规模化应用。

二、成果特点

针对山东省糯玉米种植经济效益高，但种植模式不适应鲜销和加工需求的现状，以节水省肥、提质增效、绿色生态为方向，集成了糯玉米全生育期水肥高效利用和籽粒鲜食品质提升关键技术体系，研究制定了《山东省糯玉米标准化生产技术规程》（DB37/T 1634—2010）、《绿色食品鲜食玉米生产技术规程》（DB37/T 2151—2012）、《特用玉米优质高产高效技术规程》（DB37/T 3502—2019）、《鲜食玉米产地初加工技术规程》（DB37/T 3580—2019）和《鲜食玉米双季栽培技术规程》（DB37/T 3581—2019）。针对都市近郊中低产田特点，兼顾采摘和观光需求，创新发明了鲜食玉米/花生间套作种植模式，玉米种植净面积占整个间作区域的65.2%，花生种植净面积占整个间作区域的34.8%。鲜食玉米、花生于4月下旬至5月初之间同期播种，7月底至8月初采收鲜食玉米穗，玉米穗采收后鲜玉米秸秆及时收割，花生通过恢复生长从而保证间作花生和单作花生单株水平荚果产量相当，花生于8月底至9月初收获，实现一季两熟错期收获。

三、推广应用

在山东省主要糯玉米种植区域等地累计推广面积230万亩，实现糯玉米单季亩产鲜穗1 000千克，干籽粒550千克，水肥利用效率分别提高10.4%和14.8%，每亩净增收450元以上；双季亩产鲜穗1 600千克，干籽粒1 000千克，每亩净增收800元以上，水肥利用效率分别提高12.3%和16.5%。鲜食玉米/花生间作技术在济南、青岛、德州等地推广种植万余亩，每亩收获鲜食玉米800千克，花生150千克，较鲜食玉米纯作种植增收300～500元，较普通玉米纯作种植亩增效600元。德州乐陵溶海富硒有限公司，年加工鲜食糯玉米10 000亩（订单种植），为山东省内糯玉米生产加工最大企业，净利润400万元，有效带动了周边农业的发展。

完成单位：山东省农业科学院作物研究所

主要完成人：刘开昌，龚魁杰，陈利容，夏海勇，孔玮琳

通信地址：山东省济南市工业北路202号

联系电话：0531-66659845

鲜食玉米花生间作种植模式

鲜食糯玉米加工流程

发明专利证书

科技奖励证书

夏大豆一三三高产栽培技术

一、技术成果水平

夏大豆一三三高产栽培技术已在生产实践中推广应用，为山东省农业厅的主推技术。

二、成果特点

夏大豆一三三高产栽培技术，即一播全苗、三水、三肥。具体如下。

1. 一播全苗（选用合适的播种机、合适的时机、适宜的墒情播种）

高产夏大豆应于6月20日前，在土壤墒情适宜的情况下，选用精量点播机播种，沙质土壤轻度镇压，壤土、黏土一般不镇压，保证苗全、苗匀、苗壮。判断土壤墒情是否适宜的简单方法是用手抓起耕层土壤，握紧后可结成团，离地1米处放开，落地后可散开。也可用土壤水分测定仪测定土壤水分含量，以确定适宜的播种时间。土壤水分含量19%~20%时播种，大豆种子萌发良好；低于18%时，大豆种子虽然能够萌发，但出苗较困难，影响出苗率，且幼苗不健壮；低于10%将会严重缺苗。土壤水分过多，氧气供应不足，也不利于种子萌发。

2. 三水（即确保出苗、开花结荚和鼓粒3个关键时期的水分供应）

第一是出苗水。夏大豆播种时，干热风较重，一般情况下土壤墒情较差。如果土壤墒情不足，土壤水分含量低于18%，就应浇水造墒播种；也可根据天气预报等降雨后抢墒播种，但易造成播种推迟，影响产量；最好的方法是播种后喷灌或滴灌，可在播种后当天喷灌1次，出苗前（播种后第4天）再喷灌1次，确保出苗。第二是开花结荚水。开花结荚期（播种后30~70天）大豆需水量较大，约占总耗水量的45%，是大豆需水的关键时期，蒸腾作用达到高峰，干物质积累也直线上升。因此，这一时期缺水则会造成严重落花落荚，单株荚数和单株粒数大幅度下降。如果出现干旱（连续10天以上无有效降雨或土壤水分含量低于30%）应立即浇水，减少落花、落荚，增加单株荚数和单株粒数。第三是鼓粒水。鼓粒期（播种后70~105天）大豆需水量约占总耗水量的20%，也是籽粒形成的关键时期。这一时期缺水，则秕荚、秕粒增多，百粒重下降。如果出现干旱（连续10天以上无有效降雨或土壤水分含量低于25%）应立即浇水，减少落荚，确保鼓粒，增加单株有效荚数、单株粒数和百粒重。

3. 三肥（培肥地力、鼓粒初期追肥和鼓粒中后期喷施叶面肥）

第一是培肥地力。各地的高产经验表明，高产大豆的土壤有机质含量要在1.25%以上。土壤肥力不足者，可于播种前每亩施腐熟好的优质有机肥1 000千克以上，培肥地力，保障养分的持续供应。第二是鼓粒初期追肥。鼓粒初期（播种后70天左右）是籽粒形成的关键时期，每亩追施氮磷钾复合肥10千克以上，保荚、促鼓粒，增加单株有效荚数、单株粒数和百粒重。第三是鼓粒中后期喷施叶面肥。鼓粒中后期（播种后80~105天）对大豆产量形成至关重要，每7~10天叶面喷施磷酸二氢钾1次，可延缓大豆叶片衰老，促进鼓粒，增加百粒重，提高产量。试验表明，喷施叶面肥可使大豆百粒重增加2.4克，增产10.7%。该技术对提高大豆产量提供了重要的指导。

三、推广应用

该技术在嘉祥、陵县、东阿、鄄城等山东多个大豆主产区进行了推广应用。

完成单位：山东省农业科学院作物研究所
主要完成人：徐冉
通信地址：山东省济南市工业北路202号创新大楼1025
联系电话：0531-66659348

玉米花生宽幅间作技术

一、技术成果水平

该成果有效缓解了我国粮油争地矛盾、人畜争粮矛盾及种地与养地不协调问题。明确了适宜模式，并研发了多种适宜机械和专用产品，授权国家专利10余项，制订省级地方标准1项。该技术模式2015年被国务院列为农业转方式、调结构技术措施；2016年中国工程院农业学部组织院士专家对该模式进行了实地考察，认为该技术探索出了适于机械化条件下的粮油均衡增产增效生产模式。2017—2019年连续3年被列为农业农村部主推技术。作为主要内容，于2018年获得山东省专利奖二等奖和山东省农牧渔业丰收奖一等奖。

二、成果特点

玉米花生宽幅间作技术模式符合"稳定粮食产量、增加供给种类、实现种养结合、提高农民收入"的技术思路，是调整种植业结构、转变农业发展方式的重要途径。

技术核心是压缩玉米株行距，充分发挥其边际效应，保障间作玉米稳产高产，挤出带宽增收花生，次年可以将条带调换种植，实现间作轮作有机融合，减少作物连作障碍；同时利用花生固氮特点，降低氮肥施用量，改良土壤。

较传统纯作玉米，增收花生120～180千克，节氮12.5%以上、提高土地利用率10%以上，增加亩效益20%以上。改善田间生态环境，缓解花生连作障碍，改善常年小麦—玉米周年种植的土壤理化性质，生态效益显著。

三、推广应用

该成果在全国玉米产区及中高产花生产区进行推广应用，累计推广面积20万亩，增收粮食5 000吨，增收油料27 000吨；亩增效350元以上，累计增加效益7 000万元。

完成单位：山东省农业科学院作物研究所，山东省农业科学院玉米研究所，山东省农业科学院生物技术研究中心
主要完成人：孟维伟，郭峰，张正，万书波，徐杰，等
通信地址：山东省济南市工业北路202号
联系电话：0531-66659402/9645/9692/7802/8127

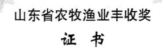

获奖证书

花生宽幅间作技术

夏玉米苗带清茬种肥精准同播技术

一、技术成果水平

夏玉米苗带清茬种肥精准同播技术达到国际先进水平，该成果已获得发明专利3项，形成地方标准1项［《夏玉米种肥精准同播生产技术规程》（DB37/T 3507—2019）］。

二、成果特点

保障夏玉米全生育期养分供应充足是生产上面临的主要技术难题。传统的栽培技术多次、过量施肥，费工、费时、增加投入，尤其是后期追肥容易导致肥料流失严重、污染环境、损害植株等一系列问题，不符合当前夏玉米生产轻简化、机械化、生态化的要求。基于此，玉米栽培生理与大田农机装备两个研发团队联合攻关，研究明确了实现种肥精准同播的关键技术参数，创新出夏玉米清茬种肥精准同播技术及其配套农机具，辅以精准化信息调控，可同步实现苗带清茬、单粒精播、双层施肥及化学除草，有效发挥玉米品种、肥料产品、农机装备及栽培技术的精准凝聚效应，比常规技术提高肥料利用效率10.27%，平均增产8.34%，亩节本增效189.48元，从而实现夏玉米轻简化绿色节本增效生产。

关键技术环节获授权国家发明专利

三、推广应用

该技术有明显的增产效果和经济效益，在鲁中、鲁西南、鲁北和鲁东等区域累计示范面积超过800万亩，比常规技术提高肥料利用效率10.27%，平均增产8.34%。

完成单位：山东省农业科学院玉米研究所，山东省农业机械科学研究院
主要完成人：李宗新，荐世春
通信地址：山东省济南市工业北路202号
联系电话：0531-66659402

ICS 65.020
B 01

DB37

山　东　省　地　方　标　准

DB 37/T 3507—2019

夏玉米种肥精准同播生产技术规程

2019-01-29 发布　　　　　　2019-03-01 实施

山东省市场监督管理局　　发布

2018年被山东省质量技术监督局批准为山东省地方标准

大葱/小麦绿色高效施肥技术

一、技术成果水平

针对大葱/小麦轮作生产中盲目过量施肥导致生产环境恶化的问题，以及满足人们对优质大葱日趋强烈的需求，技术从秸秆还田、有机无机精准施用，养分周年运筹等方面入手，形成了"大葱/小麦绿色高效施肥技术"。该成果已获得发明专利1项，形成山东省地方标准2项［《大葱小麦轮套作简在施肥技术规程》（DB37/T 4068—2020）、《大葱生产固碳减排技术规程》（DB37/T 4067—2020）］。

二、成果特点

该技术充分利用土地资源并提高作物产量，实现农民增产增收；肥水高效精准化施用，降低了生产成本和对环境的不良影响，实现了大葱/小麦的安全高效生产，并解决了肥料利用率和水分利用效率较低的问题，能够取得社会效益、生态效益和经济效益的"三赢"。该技术要点包括以下几点。

一是土壤增"碳"，一方面大葱前茬麦季秸秆粉碎翻耕入土，增加碳投入；另一方面，大葱定植前增施充分腐熟的粪肥或商品有机肥增碳。可以实现秸秆和畜禽粪便的资源化和肥料化，增加土壤固碳、促进养分元素循环、提高土壤肥力。

二是优化施肥，综合考虑环境（灌溉和降雨）养分带入量，根据作物需肥规律、产量水平和土壤养分测定值，制定优化施肥量。

三是化肥用量两季作物"合"理分配，综合考虑作物不同生育阶段需肥规律，对养分形态和比例，在不同生长期"合"理搭配。

三、推广应用

该技术适用于大葱/小麦轮作区或大葱种植区，已作为章丘区玉园家庭农场、尊法种植合作社、安丘市景芝镇等大葱/小麦生产的技术支撑。近四年应用面积达1 000亩，周边辐射面积10 000亩。技术的应用可以节肥20%以上，每公顷节本千余元；大葱平均增产5%以上，小麦平均增产3.0%，年均增收16%；氮肥利用率提高70%以上；N_2O减排20%以上，总氮淋失率降低15%以上。

完成单位：山东省农业科学院农业资源与环境研究所
主要完成人：江丽华，徐钰，石璟，杨岩，王梅

通信地址：山东省济南市工业北路202号
联系电话：13705317326

ICS 65.020
B 04

DB 37

山东省地方标准

DB 37/T 4067—2020

大葱生产固碳减排技术规程

Technical specification of carbon sequestration and emission reduction in Chinese onion production

2020 - 07 - 16 发布　　　　2020 - 08 - 16 实施

山东省市场监督管理局　发布

ICS 65.020
B 04

DB 37

山 东 省 地 方 标 准

DB37/T 4068—2020

大葱小麦轮套作简化施肥技术规程

Technical specification of simplified fertilization in intercropping of Chinese onion and winter wheat

2020 - 07 - 16 发布　　　　2020 - 08 - 16 实施

山东省市场监督管理局　发布

大葱/小麦绿色高效施肥技术

黄瓜/番茄水肥一体化技术

一、技术成果水平

针对生产中化肥施用量偏高，肥料运筹不合理的资源浪费、环境污染等问题，项目组开展黄瓜/番茄水分和养分耦合研究，提出"黄瓜/番茄水肥一体化技术"。该成果已获得发明专利1项，形成中国环境科学学会团体标准1项。

二、成果特点

该技术可有效降低肥料、灌溉水使用量，从而降低设施蔬菜产生的环境污染，实现农业绿色发展，整体提高蔬菜种植业的社会经济效益。主要技术要点如下。

一是养分精准施用，根据作物需求、环境养分供给，制订施肥计划，包括有机肥、大、中、微量元素的数量、形态及施肥时间，做到周年养分总量控制，两季作物合理分配，较传统生产周年减肥30%以上。

二是精准灌溉，灌溉方式采用滴灌，灌溉频率7～10天/次，番茄季和黄瓜季灌溉用水量分别为15～30毫米/次和20～30毫米/次，较大水漫灌节水约40%。

发明专利证书

三、推广应用

该技术支撑德州禹城市大禹龙腾蔬菜专业合作社、平原坊子乡、济阳曲堤等农户的番茄/黄瓜生产。近4年来，技术应用面积达到3 000亩以上。技术的应用，在稳产基础上，周年节肥30%以上，增收20%以上，氮肥利用率提高25%以上，蔬菜维生素C含量提高14%，硝酸盐含量降低10%左右。

完成单位：山东省农业科学院农业资源与环境研究所
主要完成人：江丽华，杨岩，徐钰，石璟，王梅
通信地址：山东省济南市工业北路202号
联系电话：13705317326

水肥一体化应用

大蒜/玉米化肥减施增效技术

一、技术成果水平

针对大蒜地土壤质量下降以及农村劳动力短缺的现状，在大蒜—玉米轮作制度下开展大蒜地力提升及简化施肥相关研究，提出"大蒜/玉米化肥减施增效技术"。该成果已申报山东省地方标准1项。

二、成果特点

"一减，两增，三配合"是该技术的核心，主要技术要点如下。

"一减"，减少化肥用量，根据目标产量、土壤及环境养分供给量合理施肥，化肥用量尤其是氮肥较农民习惯减少20%以上。

"两增"，增施有机肥和微量元素，大蒜季将周年化学氮肥用量的25%由有机肥替代，培肥土壤。

"三配合"，一是大蒜玉米两季作物养分合理分配，大蒜季氮肥占周年总量的60%~70%，磷肥和钾肥分别占65%~75%和70%~75%；二是每季作物氮素的基追肥合理分配，大蒜季基追比8：2，玉米季1：2；三是配合大蒜玉米高产高效的栽培技术。

三、推广应用

该技术已在山东省大蒜主产区金乡、巨野、鱼台、商河等地进行了示范及推广，近4年技术辐射推广面积达1万亩。技术的应用可以减少约50%追肥劳动力，土壤有机质提高5%，节肥20%~30%，1米土体土壤硝态氮减少20%，改善大蒜品质（维生素C提高5%，硝酸盐减少5%），每亩增收千余元。

有机肥替代试验

完成单位：山东省农业科学院农业资源与环境研究所
主要完成人：江丽华，石璟，王梅，徐钰，杨岩
通信地址：山东省济南市工业北路202号
联系电话：13705317326

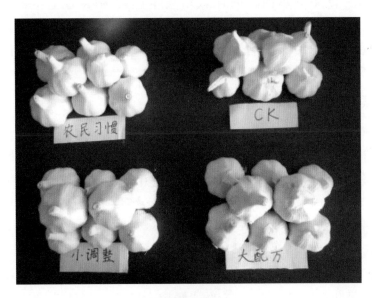

化肥减施效果

蒜（麦）后直播早熟棉轻简化栽培技术

一、技术成果水平

蒜（麦）后直播早熟棉轻简化栽培技术达到国际先进水平，该成果已获授权专利4项，其中，发明专利2项，软件著作权8件，育成棉花新品种1个，形成行业标准4项，编著《棉花轻简化栽培》等著作2部，发表学术论文20篇，其中，SCI收录5篇。

二、成果特点

该成果培育出优质早熟棉新品种鲁棉532，该品种生育期108天，出苗好，品质优，纤维上半部平均长度30.3毫米，断裂比强度30.8牛/特克斯，马克隆值4.8，高抗棉铃虫，高抗枯萎病、耐黄萎病。2018年通过山东省和河南省审定，2020年通过国家审定。首创晚播早熟棉"直密矮株型"群体结构。在此基础上改套种为直播，集成创建蒜（麦）后直播早熟棉轻简化栽培技术，实现了两熟制棉区轻简化、机械化植棉。该技术核心是"三改"：一改人工套种为机械直播，大大提高了播种效率；二改精耕细作为简化管理，改精细整枝为免整枝、多次施肥为盛蕾期一次性追肥；三改"稀植大棵型"群体为"直密矮株型"群体，密度由每亩1 500株增至6 000株左右、株高由120～150厘米降低到80～90厘米，为集中收获打下了基础。主要创新内容包括以下3个部分。

1. 揭示了蒜（麦）后直播早熟棉的相关理论机制

（1）单粒精播的壮苗机制。单粒精播种子萌发出苗时，棉苗弯钩形成关键基因HLS1和COP1上调表达，利于顶土出苗并脱掉种壳，棉苗敦实，发病率低，易成壮苗。

（2）密植减免整枝机制。密植引起棉株激素代谢相关基因差异表达，导致生长素类物质积累量在主茎顶端增加、叶枝顶部减少，抑制了叶枝的生长。

（3）密植棉花的丰产稳产机制。不同栽培措施下棉花产量构成、生物量和经济系数的适应性协同，最大限度地保持了经济产量的稳定。

2. 创建了蒜（麦）后直播早熟棉轻简化栽培技术

（1）建立了鲁西南棉区蒜（麦）后棉花精量播种栽培技术，研制出与之配套的播种机械，省去了营养钵育苗移栽环节，大大提高了播种效率，减少用工80%以上。

（2）建立了以"增加密度、降低株高"为重点的棉花简化整枝与优化成铃技术，既减少了用工又提高了纤维品质。

3. 育成了适宜了适宜蒜（麦）后直播的高产优质短季棉新品种鲁棉532

鲁棉532生育期108天，出苗好，品质优，纤维上半部平均长度30.3毫米，断裂比强度30.8牛/特克斯，马克隆值4.8，高抗棉铃虫，高抗枯萎病、耐黄萎病，2018年通过山东省和河南省审定，2020年通过国家审定。

三、推广应用

该成果已在鲁西南棉区进行了大面积推广应用，取得了显著的经济社会效益。该技术累计推广100万亩，依靠省工节本增产，新增经济效益1.5亿元。培植农民专业合作社5个，培训农技人员和棉农500多人次。

完成单位：山东棉花研究中心
主要完成人：董合忠，等
通信地址：山东省济南市工业北路202号
联系电话：0531-66659255

审定证书

蒜后短季棉示范区，山东金乡

鲁棉532单株

设施盐渍化菜田的蔬菜育苗配套技术

一、技术成果水平

山东省农业科学院科学技术进步奖一等奖（证书编号：Y201707-1-01）。

二、成果特点

1. 开发了海藻生根剂培育黄瓜穴盘壮苗技术

海藻生根剂促进黄瓜幼苗生长：灌根海藻生根剂液肥300倍液，黄瓜幼苗根系吸收面积、根尖数、株高、茎粗、叶面积、叶绿素含量均高于对照，该稀释倍数可同时促进黄瓜幼苗地上和根系的生长，有利于培育黄瓜穴盘壮苗，定植后可提高盐碱抗性。

海藻生根剂采用灌根方式利于黄瓜育苗：利用海藻生根剂灌根处理对于植株形态生长、干物质积累、叶绿素合成以及根系生长均有显著促进作用；叶喷处理对于植株形态建成及根系生长效果不明显。

海藻生根剂对于黄瓜幼苗形态及根系生长均有促进功效，但应选用正确的施用方式。海藻生根剂在黄瓜穴盘育苗中正确的施用方式为灌根处理。

2. 研发了基于农业废弃物的穴盘育苗技术

菇渣废弃物腐熟后可作为辣椒育苗基质：试验发现菇渣培育的辣椒幼苗长势最优，在辣椒集约化穴盘育苗中，发酵腐熟的菇渣基质可很好的替代常规穴盘育苗基质（草炭），辣椒幼苗生长良好，且抗逆性和抗病性更强，这为实现农业废物的再循环利用提供了途径。

利用复配基质培育蔬菜穴盘壮苗：应用滨海盐碱土壤育苗，蔬菜种子发芽时间长，出苗后幼苗生长慢，苗龄过长，生长不健壮，根系不发达。使用项目组复配的营养基质育苗，可以有效缩短种子发芽时间，而且有利于幼苗健壮生长。

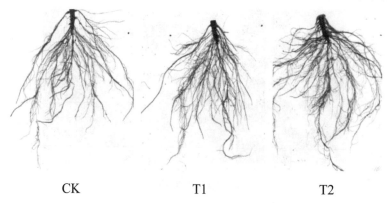

CK　　　　　　　T1　　　　　　　T2

藻生根剂对黄瓜幼苗根系形态的影响

三、推广应用

适宜山东及与之生态条件相似地区应用。近5年来，累计推广面积约8万亩，实现经济效益0.9亿余元。

完成单位：山东省农业科学院蔬菜花卉研究所
主要完成人：孙凯宁，杨宁，温丹
通信地址：山东省济南市工业北路202号
联系电话：0531-66659230

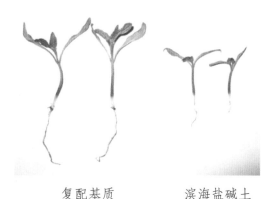

复配基质　　　　　　滨海盐碱土

播种21天后的复配基质番茄苗长势

复配基质育苗现场

获奖证书

耐抽薹萝卜春季高产栽培技术

一、技术成果水平

该技术可有效降低萝卜春季栽培中的抽薹率,显著提高商品率,从而提高萝卜产量,有效提高菜农经济效益。2016年、2017年连续两年被选为山东省农业主推技术。

二、成果特点

该成果集成了品种选择、播期调整、栽培模式、田间管理等方面的技术,可有效降低萝卜春季栽培中的抽薹率,提高萝卜产量和品质。品种选择方面,通过试验筛选适宜出春季播种、冬性强、抗抽薹、丰产性好的品种,如山东省农业科学院育成的天正萝卜14号,潍坊市农业科学院蔬菜研究所育成的抗抽薹的潍萝卜4号、白玉冠军等白萝卜新品种,或从日、韩进口的春季专用白萝卜品种等;提出了2月中旬至3月中旬在大拱棚或小拱棚内播种种植,3月下旬以后,在露地覆盖地膜播种的播种时间安排;田间管理方面,对病虫害防控、水肥管理,尤其是通过覆盖进行的温度管理进行了详细说明。该成果可有效降低萝卜的抽薹率,提高商品率,可提高萝卜产量7%～10%,经济效益提高10%以上。

三、推广应用

该成果在山东等地萝卜主产区进行了示范应用,有效降低了萝卜抽薹率,使萝卜成品率提高,进而提升了春萝卜产量,一定程度缓解了春季萝卜生产困难、供应不足的问题。

完成单位:山东省农业科学院蔬菜花卉研究所
主要完成人:王淑芬,徐文玲,刘贤娴,刘辰,付卫民
通信地址:山东省济南市工业北路202号
联系电话:13589069299

蝴蝶兰节本高效栽培技术

一、技术成果水平

该成果依据北方设施环境气候特点，简化蝴蝶兰组培苗驯化移栽流程；在蝴蝶兰大苗换杯时，用泥炭基质替代水苔基质；改变了蝴蝶兰的传统栽培方法，降低生产成本，更适宜北方气候变化，同时，更易于终端消费者养护。该技术现已申请国家发明专利。

二、成果特点

根据北方设施气候特点，简化蝴蝶兰组培苗驯化流程，用泥炭替代水苔作为蝴蝶兰栽培基质，降低生产成本；建立蝴蝶兰高效栽培技术体系。

蝴蝶兰在大苗换杯时，用进口泥炭替代水苔基质，相对于传统的进口水苔基质，每盆降低0.8～1.0元/株的生产成本，相对于国产水苔基质，每盆降低0.4～0.5元/株的生产成本；同时配套相应的水肥管理、花期调控技术，可有效延长蝴蝶兰观赏期50%以上，提高植株抗性，提高复花率，更有利于家庭养护和终端推广。

蝴蝶兰组培苗简易驯化技术

三、推广应用

该技术适宜在全国范围内蝴蝶兰种植者中推广应用，目前该技术已在山东、宁夏、内蒙古、山西境内推广，山东锦绣兰业、山东东方花卉有限责任公司、宁夏银川宏茂三友农业科技公司、内蒙古丽犟苗木种植有限公司、山西环美园林绿化工程有限公司等蝴蝶兰年产10万株以上的大户均应用该项技术。2019年推广应用200万株。

完成单位：山东省农业科学院蔬菜花卉研究所
主要完成人：韩伟，吕晓惠，王俊峰，朱娇，董飞，王烨楠
通信地址：山东省济南市工业北路202号
联系电话：0531-66659065

泥炭栽培

蝴蝶兰泥炭栽培根系

花生单粒精播高产栽培技术体系

一、技术成果水平

花生单粒精播技术2015—2020年连续6年被农业农村部列为主推技术，2011—2020年共9年被山东省列为主推技术。以花生单粒精播技术为核心，2018年获得山东省科学技术奖一等奖，2019年获得国家科技进步奖二等奖。制订了《花生单粒精播高产栽培技术规程》（NY/T 2404—2013）、《覆膜花生机械化生产技术规程》（NY/T 2401—2013）等多项农业行业标准，获得授权发明专利10余项。

二、成果特点

针对花生传统双粒或多粒穴播用种量大、易出现大小苗、群体质量差等问题，开创性应用竞争排斥原理，创立了花生单粒精播高产栽培理论与技术。与双粒穴播相比，单粒精播垄距由90厘米减至80～85厘米，穴距由16～18厘米减至10～12厘米，每穴由2粒减为1粒，每亩由0.8万～1.0万穴增至1.3万～1.7万穴，用种量减少3 000～4 000粒，可节种20%以上。"缩垄增穴、减粒壮苗、优化群体"是单粒精播技术增产的途径，"精细选种、精量包衣、精致整地、精准播种"是单粒精播、一播全苗壮苗的关键。单粒精播出苗率可达到96%以上，比双粒穴播提高10个百分点以上；单粒精播花生提前封垄7～10天，延缓衰老10～15天，有效增加了光合面积和光合时间，荚果产量可提高10%以上。以单粒精播为核心技术，配套全程可控施

获奖证书

肥、三防三促调控、病虫害绿色防控等共性关键技术，创建了花生单粒精播高产栽培技术体系，高产攻关连续3年实收亩产突破750千克，创造实收亩产782.6千克的世界纪录，打破了30多年来双粒穴播未达到750千克的技术瓶颈。

三、推广应用

花生单粒精播高产栽培技术连续多年被列为农业农村部和山东省主推技术，在全国进行了大面积推广应用。其中，山东省2011—2017年累计推广1 487.3万亩，平均亩增产荚果28.9千克、增效217.62元，共节种7 436.5万千克、增产荚果42 982.97万千克、新增经济效益226 566.36万元，经济和社会效益显著。

完成单位：山东省农业科学院生物技术研究中心
主要完成人：万书波，李新国，张佳蕾，郭峰
通信地址：山东省济南市工业北路202号
联系电话：0531-66659047

获奖证书

高油酸花生分子育种技术

一、技术成果水平

高油酸花生分子育种技术达到国际先进水平，该成果已获得发明专利1项，发表文章2篇，其中，SCI收录1篇。

二、成果特点

花生高油酸特性由 $AhFAD2A$ 和 $AhFAD2B$ 两个主效基因控制，这两个基因同时突变，即在 $FAD2B$ 442bp处有一单核苷酸"A"插入，在 $FAD2A$ 448bp处有单个核苷酸G到A的替换，可产生高油酸表型。基于 $FAD2A$ 和 $FAD2B$ 的序列变化，发展了一些鉴定 $FAD2$ 基因型的方法，如 CAPS（2007，2009）、PCR产物测序法（Wang et al.，2010）、荧光定量PCR法（2010；2011）和AS-PCR法（Chen et al.，2010）。上述检测方法或操作复杂，或成本太高，或效率太低，本成果开发了一种高通量、低成本、高准确率的检测方法，并将其应用到了花生高油酸育种过程。主要创新点包括以下几点。

发明专利证书

一是一次检测样本量最高可达5 376（384×14）个，具有通量高、成本低、结果稳定的优点；与PCR产物测序法、CAPS方法比较，该方法操作简单，检测成本低；用CAPS结果验证显示，该方法结果可靠。

二是可用于高通量检测杂交 F_1，能极大提高目标性状选择的准确性，减少后期选育的工作量。

三是可解决现有自交后代数量较大无法鉴定的问题，及时剔除不需要的基因型，显著提高高油酸花生育种的效率。

四是利用该技术获得10个农艺性状优异的高油酸花生品种。

三、推广应用

该成果在中玉金标记（北京）生物技术股份有限公司等企业进行了示范应用，在2016—2018年利用该方法为中国油料作物研究所、河南省农业科学院、青岛农业大学、山东省农业科学院等多家高校和科研单位提供高油酸花生杂交后代的基因型检测服务，累计检测样品15万份。

完成单位：山东省农业科学院生物技术研究中心
主要完成人：王兴军，赵术珍，夏晗，赵传志，侯蕾，李长生，李爱芹
通信地址：山东省济南市工业北路202号
联系电话：13791035589

济花8号高油酸花生

棉花轻简高效关键栽培技术集成与应用

一、技术成果水平

该成果围绕棉花"种、管、收"关键环节开展研究，创新了轻简高效植棉核心理论，创建了轻简高效植棉关键技术，集成建立了适宜不同棉区应用的棉花轻简高效栽培技术体系，并大面积推广应用，达到国际领先水平。相继获得2017年山东省科技进步奖一等奖和2016—2017年度中华农业科技奖一等奖。

二、成果特点

针对传统植棉用工多、投入大、效率低、集中收获难等突出问题，研究突破了轻简化植棉的关键技术，并阐明了相关理论机制，创建了适宜不同生态区应用的棉花轻简化丰产栽培技术体系，在主产棉区广泛应用，为我国棉花生产转型升级、节本增效发挥了重大作用。

1. 阐明了轻简化植棉的相关理论机制

发现单粒精播棉苗弯钩形成关键基因和下胚轴伸长关键基因的差异表达规律，以及密植引起激素代谢相关基因差异表达和内源激素区隔化分布的规律，阐明了单粒精播的壮苗机制和密植实现免整枝的机理；揭示了部分根区灌溉干旱区根系诱导叶片合成茉莉酸，其作为信号物质运至灌水侧根系，诱导根系水孔蛋白基因PIP表达，进而增加水力导度，提高根系吸水能力和水分利用率的机制；首次提出并制定了西北内陆棉区"降密健株型"、长江流域与黄河流域两熟制棉区"直密矮株型"集中成熟高效群体及其指标体系。

2. 突破棉花轻简化栽培的关键技术

建立了不同棉区棉花精准播种技术，研制出配套播种机械，省种50%~80%，并省去间苗、定苗工序；建立了适增密度、水肥药协同管理的免整枝技术；通过调整滴灌带布局、高滴水量交替滴灌，并适当增加滴灌追肥比例，建立了水肥协同滴灌节水减肥技术，节水20%~30%，减肥15%~20%，脱叶率提高3~5个百分点。建立了内地棉区以"控冠促根"、西北内陆棉区以"调冠养根"为重点的棉花群体优化与集中成铃技术，为提高品质、集中收获提供了保障。

3. 创建棉花轻简化丰产栽培技术体系

集成建立了以"增密壮株、集中成熟"为核心的黄河流域一熟制棉花轻简高效栽培技术，省工32.5%、减少物化投入9%；建立了以"降密健株、水肥协同"为核心的西北内陆棉区棉花轻简高效栽培技术平均省工30%、节水20%以上、省氮肥10%～20%；建立了大蒜（小麦、油菜）后机械直播早熟棉、一次施肥、培育"直密矮株型"群体保障集中早吐絮的黄河与长江流域两熟制棉花轻简高效栽培技术，平均省工30%～50%，减少物化投入30%以上。

三、推广应用

与传统植棉技术相比，应用该技术，内地棉花用工平均减少20%以上，物化投入降低10%以上，吐絮期缩短了30%以上，实现了集中成熟、集中（机械）采收；新疆机采棉的用工平均减少15%以上，节水、减氮肥15%以上，脱叶率提高了3%～5%、籽棉含杂率降低了40%以上，棉花品质得到明显改善。截至2019年年底，该技术累计在全国主产棉区推广应用1.06亿亩，新增经济效益100多亿元。

完成单位：山东棉花研究中心
主要完成人：董合忠，李维江，代建龙，孔祥强，罗振
通信地址：山东省济南市工业北路202号
联系电话：0531-66659255

获奖证书

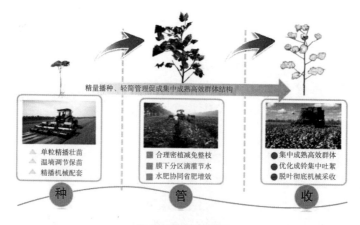

集成技术示意图

花生抗旱节水高产高效栽培技术

一、技术成果水平

花生抗旱节水高产高效栽培技术达到国内先进水平，该成果登记计算机软件著作权5项，获得专利5项，获得山东省农牧渔业丰收奖农业技术推广成果奖三等奖1项，获得农业农村部农业主推技术1项。

二、成果特点

旱薄地土壤贫瘠和供肥保水能力差而导致养分利用率低，造成生长中后期脱肥早衰、病虫害加剧而使产量和品质下降。该技术提出了"选种节水促健苗，促根下扎吸深水，后期补肥防早衰"的技术体系。该技术筛选出7个抗旱高产品种，选择细长饱满中等粒型的抗旱高产型花生成熟种子作为备播种子，有利于挖掘花生品种生物节水潜力。在花生生育前期进行适度干旱胁迫促进花生根系下扎，使其吸收和利用深层土壤水分，再采用膜下滴灌补水肥技术对生长旺盛的花针期和结荚期进行灌水追肥，满足花生生育后期水肥和养分需求。

该技术能够充分挖掘花生品种的生物节水潜力，且根据花生的根系分布进行局部灌溉，并有效保持土壤团粒结构，防止水分深层渗漏和地表流失，同时，又可保温、保墒及减少地表增发，提高水分利用效率。该技术可有效防治近年来花生生长季阶段性干旱连续发生，严重影响花生的生长问题，延缓生育后期花生早衰，充分发挥花生的高产潜力，提高产量的同时改善籽仁品质。

该技术获2019年山东省农牧渔业丰收奖农业技术推广成果奖三等奖

三、推广应用

通过应用该技术体系，花生平均亩产提高15.0%，物质投入每亩增加118.4元，劳动用工每亩减少80.0元，合计实现单位规模新增纯收益193.9元/亩。示范区水肥利用率提高15%以上，实现了产量、效益和生态的协同提高。该技术在山东、河南、河北及辽宁等花生产区3年累计推广1 111.6万亩，获总经济效益13.6亿元，经济效益和社会效益显著。

完成单位：山东省花生研究所
主要完成人：丁红，张智猛，戴良香，徐扬，张冠初，慈敦伟，康涛
通信地址：山东省青岛市万年泉路126号
联系电话：18963021090

农业农村部办公厅发布72项2019年农业主推技术

为深入贯彻中央农村工作会议、中央1号文件和全国农业农村厅局长会议精神，加快农业先进适用技术推广应用，农业农村部组织遴选了72项农业主推技术。

各地农业农村部门要结合农业农村部发布的农业主推技术、地方主导产业发展要求和农业生产经营者技术需求，遴选发布本地区年度农业主推技术。要依托各类生产经营主体、农业科教教学单位和农业社会化服务组织，发挥试验示范基地、科技示范主体等的示范展示和引领带动作用，组织专家、农技人员开展主推技术示范推广和指导培训，引导广大农业生产经营者科学应用先进适用技术，加快助力脱贫攻坚，推动农业转型升级和高质量发展。

2019年农业主推技术

1. 水稻叠盘出苗育秧技术
2. 水稻精量育秧技术
3. 杂交稻单本密植大苗机插栽培技术
4. 冬小麦节水省肥优质高产技术
5. 冬小麦宽幅精播高产栽培技术
6. 玉米免耕种植技术
7. 夏玉米精量直播晚收高产栽培技术
8. 玉米密植高产全程机械化生产技术
9. 玉米条带耕作密植高产技术
10. 鲜食玉米绿色优质高效生产技术
11. 玉米花生宽幅间作技术
12. 玉米原茬地免耕覆秸精播机械化生产技术
13. 大豆大垄高台栽培技术
14. 大豆带状复合种植技术
15. 大豆机械化高质低损收获技术
16. 黄淮海夏大豆免耕覆秸机械化生产技术
17. 油菜绿色高质高效生产技术
18. 油菜机械化播种与收获技术
19. 油菜菌核病、根肿病综合防控技术
20. 油菜多用途开发利用技术
21. 花生抗旱节水高产高效栽培技术
22. 花生单粒精播节本增效高产栽培技术
23. 麦后夏花生免耕覆秸栽培技术
24. 花生种肥同播肥效后移延衰增产技术
25. 花生机械化播种与收获技术
26. 花生地下害虫综合防控技术
27. 丘陵山区春花生豆地膜覆盖生产栽培技术
28. 黄河流域高效轻简化植棉技术
29. 基于数量标准的全程机械化植棉技术
30. 甘薯茎线虫病绿色防控技术
31. 番茄褐绿病毒病综合防控技术
32. 蔬菜病虫全程绿色防控技术
33. 蔬菜根结线虫绿色防控技术
34. 蒜蛆绿色防控关键技术
35. 利用天敌昆虫防控设施蔬菜害虫的轻简化配套技术
36. 设施瓜果优质简约化栽培技术
37. 苹果病虫害全程绿色防控减药增效技术
38. 梨绿色提质增效栽培技术
39. 茶园化肥减施增效技术
40. 向日葵蜜蜂授粉与病虫害全程绿色防控技术
41. 茶园全程机械化管理技术
42. 茎叶类蔬菜全程机械化生产技术
43. 根茎类中药材机械化收获技术
44. 优质乳生产的奶牛营养调控与规范化饲养技术
45. 奶牛全混合日粮（TMR）应用与评价技术
46. 绒山羊精料型TMR日粮技术
47. 云贵高原地区半细毛羊冻精人工授精技术
48. 牦牛低海拔农区健康高效养殖技术
49. 肉鹅高效规模养殖关键技术
50. 鹅反季节高效繁殖技术
51. 蛋鸭网床养殖技术
52. 肉鸭多层立体养殖技术
53. 优质肉兔规模高效养殖技术
54. 高产优质苜蓿栽培集成技术
55. 石漠化治理与草畜配套技术
56. 对虾工厂化循环水高效生态养殖技术
57. 池塘"鱼-水生植物"生态循环技术
58. 淡水池塘养殖尾水生态化综合治理技术
59. 刺参池塘养殖高温灾害综合防御技术
60. 稻田绿色种养技术
61. 深水抗风浪网箱养殖技术
62. 淡水工厂化循环水健康养殖技术
63. 农田残膜机械化回收技术
64. 玉米大豆轮作条件下秸秆全量还田技术
65. 南方水网区农田氮磷流失治理技术
66. 空心莲子草生物防治技术
67. 果园绿色豆菜轮茬增肥技术
68. 稻田冬绿肥全程机械化生产技术
69. 基于产量反应和农学效率的玉米、水稻和小麦推荐施肥方法
70. 数字牧场技术
71. "中国农技推广"信息化服务平台
72. 农村生活污水处理技术

该技术获2019年农业农村部农业主推技术

盐碱地花生/棉花等幅间作周年轮作带状种植技术

一、技术成果水平

花生/棉花等幅间作周年轮作带状种植技术达到国内先进水平，该成果获得专利3项，获得青岛市科技进步奖一等奖1项。

二、成果特点

花生和棉花除均具抗旱耐瘠、适应性强、中等耐盐等特点外，且均属不耐连作作物，连年连作使得二者产量品质均急剧下降，且病虫害发生严重。加之花生属豆科固氮作物，能够改良土壤、增加后茬作物产量，二者间作可充分利用温光热等资源优势，提高种植区农业结构的抗风险能力，显著提高经济效益、生态效益和社会效益。因此，在干旱盐碱区采用花生/棉花等幅间作交替轮作的种植模式，可极大缓解花生和棉花两者连作带来的减产、降质、病虫草害频发、土壤养分失衡和化感毒害等连作障碍。主要包括以下组成部分。

1. 盐碱地棉油复合种植模式适宜品种

通过比较适宜盐碱地的不同类型花生、棉花主推品种，确定选用株型紧凑的中早熟棉花品种及耐阴且中早熟的花生品种。

2. 盐碱地花生/棉花等幅间作交替轮作种植模式

对花生/棉花不同株行配置2：2、4：2、6：2、2：4、4：4、6：4、2：6、4：6、6：6共9种株行配比，确定花生/棉花株行配比为6：4时，两种作物幅宽相等，单位面积花生产量较单作降幅较小（5.9%～11.4%），单位面积棉花产量较单作增幅较大（16.8%～23.2%），2种作物总产量和单位面积效益均较高。花生/棉花6：4等幅间作周年交替轮作，可作为花生/棉花复合种植技术的最佳株行配置。

三、推广应用

该成果在聊城、东营、滨州等不同类型盐碱土地区进行了示范应用。

完成单位：山东省花生研究所
主要完成人：张智猛，慈敦伟，丁红，戴良香，张冠初，徐扬，袁光
通信地址：山东省青岛市万年泉路126号
联系电话：18963021090

盐碱地花生/棉花等幅间作周年轮作带状种植技术示范与推广

油菜核雄性不育系的创造及SPT制种技术

一、技术成果水平

该项成果能够直接创造核雄性不育系。

解决了核雄性不育基因的利用问题。

解决了细胞质雄性不育系育种存在的所有问题。

加快了育种进程。

虽然采用了基因编辑和转基因技术，但最终走向餐桌的产品不含转基因的成分。

该项技术应用范围广，可以在多种十字花科作物和绝大部分芸薹属作物上应用。

该项技术可以将现有的两系品种改造为三系品种，它将改变部分十字花科作物传统的育种和制种方式。

已取得发明专利1项；已申报发明及PCT专利1项。

二、成果特点

一是发现并克隆到了一个与十字花科作物育性相关的基因。

二是核隐性雄性不育系的创建。通过CRISPR-cas9技术敲除油菜中的该基因，完全敲除的个体表现为雄性不育，并筛选出不含敲除载体的个体即获得不育系。

三是构建保持系表达盒、创建保持系。将特异α-淀粉酶基因及启动子、信号肽、终止子与恢复基因（不育基因的野生型）构建保持系表达盒，对通过敲除创建的雄性不育系进行遗传转化，选择带有单拷贝载体的阳性株作为候选保持系，验证其保持能力，最终筛选出能够对不育系进行100%保持的保持系。最终形成整套隐性核雄性不育系的育、繁种体系。

基本操作程序如右图所示。

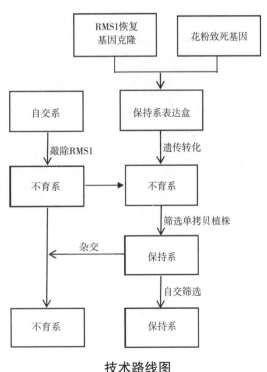

技术路线图

完成单位：山东省农作物种质资源中心
主要完成人：王效睦
通信地址：山东省济南市工业北路202号
联系电话：0531-66659531

不育系与保持系的花器情况

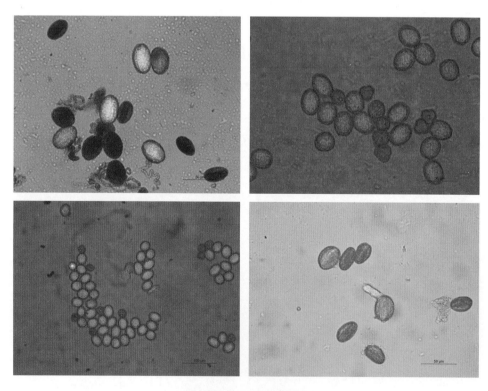

保持系花粉育性情况

山药种质资源分类鉴别和栽培技术集成

一、技术成果水平

该成果对收集的部分东亚山药种质资源进行品种适应性研究，对各个品种资源进行生长特性调查，开展了一套山药种质资源分类鉴别方法，分类鉴别山药种质资源30份；对山药品种资源的适应性和栽培技术进行了探索，研究出一套适合山东地区山药高效栽培技术，发表学术论文3篇，编写著作1部。

二、成果特点

山药种质资源分类鉴别方法采用形态学遗传法、蒸食口感和生态影响分析，将30份山药种质资源进行了分类和鉴别，其形态指标具有一定的多样性和差异性。30份山药品种资源在遗传距离25处，分为2类，遗传距离在7处分为5类。山药品种资源受生态区域影响较大，根据起源生态区域可划分为北方山药、日本山药和南方山药，与聚类分析结果基本一致，因此，在山药的植物学分类或园艺学分类中，应综合考虑山药的形态特征和生态特性，这为山药品种资源分类和种质保护提供了参考。

山药品种资源的适应性和栽培技术集成，进一步优化了山药栽培技术，通过对山药选种、覆膜栽培、网架栽培、叶面施肥和滴灌施肥等关键栽培技术集成，提高了山药品质，产量增幅为14%～25%，经济效益增幅为10%～40%。

三、推广应用

山药种质资源分类鉴别方法可以快速直观地将山药不同品种资源进行鉴别分类，避免品种地混杂，为东亚山药的品种鉴别、分类及种质保存提供参考，进一步丰富山药种质资源，从而加快山药的育种进程。30份山药品种资源已经在潍坊地区进行了两年的适应性和栽培研究，山药栽培技术集成对山药的提质增效具有明显的效果。

完成单位：山东省轻工农副原料研究所
主要完成人：刘少军
通信地址：山东省高密市昌安大道1458号
联系电话：0536-2342764

多肉植物叶插繁殖技术

一、技术成果水平

优化了多肉植物冰灯玉露和醉美人的叶插繁殖技术，提高了叶插繁殖效率，为其在生产上叶插种苗繁殖和推广提供科学依据。

二、成果特点

叶插繁殖技术是多肉植物的一种常用繁殖方法，在生产中易出现生根和出芽障碍、繁殖效率不高的问题。为优化叶插繁殖技术，该技术使用了外源激素处理，确定了冰灯玉露和醉美人叶插繁殖技术的最佳外源激素水平。

本技术比较了不同浓度生长调节剂NAA和IBA对冰灯玉露叶插的影响，分别以15毫克/升 NAA和15毫克/升 IBA处理叶片后的效果最佳，有效提高了叶插的出芽率和生根率，生根数、出芽数和总根长也有显著提高，在生产上使用该技术能有效加快冰灯玉露的繁殖速度。

本技术比较了不同浓度的6-BA对醉美人叶插的影响，确定10毫克/升6-BA为最佳使用浓度，处理后其叶插的生根率、出芽率和成活率最高，部分叶插苗有发生缀化的趋势，在生产上使用该技术能有效提高醉美人叶插成活率。

三、推广应用

目前，多肉种植户大多采用叶插和分株的繁育方式，种植户将多肉叶片取下后斜插到育苗基质中，或者待叶片生根后再斜插到育苗基质中，有的多肉品种在叶插过程中存在繁殖速度慢、成活率不高的问题，给种植户造成了一定的经济损失。该项技术在醉美人叶插繁殖技术的基础上进行了优化改进，使醉美人的叶插成活率提高了10%左右，有效降低了种植户的经济损失；在冰灯玉露叶插繁殖技术的基础上进行了优化改进，加快了冰灯玉露的繁殖速度，有效提高叶片扦插的效果。

完成单位：山东省轻工农副原料研究所
主要完成人：姚甜甜，宋计平，孙亚玲
通信地址：山东省高密市昌安大道1458号
联系电话：0536-2342764

冰菜育苗袋盐碱滩涂栽培关键技术

一、技术成果水平

该技术针对盐碱地滩涂蔬菜种植过程中，种苗不易成活及生长不良等诸多问题开发的保墒保苗促生产技术，均为原始创新或在原有基础上的跟踪创新。以此为基础，申报专利3项，其中，授权发明专利1项。

二、成果特点

盐碱地土壤黏性强，易板结透气性差。滩涂地土壤沙性强，保水保肥能力弱。针对两类土壤中存在的这些问题，并结合冰菜怕涝忌讳湿、不耐高温的特点，创新探索了冰菜育苗袋盐碱滩涂栽培关键技术。该技术可有效改善冰菜的种植环境，显著提高育苗、保苗成活率及其产量。冰菜属于浅根系耐盐植物，选择直径8厘米、高27厘米、孔隙0.6毫米的无纺布育苗袋，填装适宜冰菜生长的基质和营养肥料，可显著改善植物生长的根际微环境，配以适当的田间栽培管理措施，有效解决了冰菜在盐碱地生长中所遇到的透气性差和易受涝害的影响。由于在育苗袋中增加了有机肥料，因此在滩涂地栽培时，可锁住在根系周围的营养肥料，满足冰菜生长的养分需求，可避免大面积施肥所造成的浪费。由于育苗袋基

专利证书

质灌装可实现机械化操作，现有技术可日产育苗袋1万袋，省力节本。通过育苗袋培育的冰菜苗可带袋直接栽种，减少了传统育苗移栽定植对幼苗的伤害，保苗效果显著。相较传统育苗、移栽方式，该技术可提高幼苗成活率30%，产量增加20%，节省人工成本50%。冰菜育苗袋栽培技术是一项省力节本、增产增效的植物盐碱滩涂地种植技术，该技术同样适用于其他植物的种植和应用。

三、推广应用

该技术可有效改善植物根际微环境，提高植物在盐碱滩涂地上的生长条件，应用前景广阔。该技术在山东东营弘力祥安园艺有限公司、垦利顺民林业专业合作社重度盐碱地示范种植100亩，种苗死亡率减少10%，创社会经济效

益50万元。

完成单位：山东省蚕业研究所

主要完成人：乔鹏，王向誉，郭洪恩

通信地址：山东省烟台市只楚北路21号

联系电话：0535-6525644

A—海沙纯海水育苗袋栽培；B—海沙纯海水栽培（对照）；C—育苗袋育苗

育苗袋种植室内实验对比效果

A—育苗袋育苗（基质一）；B—育苗袋育苗（基质二）；C—田间种植

冰菜育苗袋长势及田间种植效果

盐碱地绿肥作物新品种与提质增效技术

一、技术成果水平

该成果针对盐碱地适盐绿肥作物品种少、种植结构单一、生产效率低等问题，系统开展耐盐绿肥作物育种、丰产栽培、高效制种、综合利用等技术研究。选育田菁、毛叶苕子等绿肥作物新品种、建立了丰产栽培与高效制种技术体系3项，研发了二月兰籽油、饲草等"绿肥+"产品，授权专利13项、制订山东省地方标准3项。

二、成果特点

1. 绿肥新品种（系）

通过"系统选育法"，选育夏绿肥田菁新品种（系），可在0.6%以下的滨海盐碱地正常生长，盛花期鲜草产量4～6吨/亩，种子高产潜力达132千克/亩，且耐涝、耐瘠，具有较强的抗逆性、适应性和固氮能力。选育冬绿肥——毛叶苕子新品系可在0.3%以下的滨海盐碱地正常生长，盛花期鲜草产量2.5～3.5吨/亩，且耐寒性和耐热性强、返青早、花期长、鲜草产量高且品质好。二月兰新品系可在0.2%以下的滨海盐碱地正常生长，花色单一，耐寒性强、返青早，花期长达60～80天，盛花期鲜草产量1.3～1.5吨/亩。

2. 绿肥丰产栽培与高效制种技术

针对盐碱地绿肥出苗慢、保苗难、草害严重等突出问题，研究免耕播种、等行距浅播、群体优化、一次性施肥、高效杂草防控等技术，集成盐碱地绿肥丰产技术体系。为提高种子收获效率，研发改进与规模化制种相配套的收获割台，解决了绿肥种子规模化生产过程中机械化程度低、农机农艺不配套等突出问题，实现了绿肥种子的联合收获，建立良种—良法—农机—农艺四位一体的轻简化制种技术体系。

3. 绿肥综合利用技术

为提高绿肥种植效益、提升绿肥综合利用水平，延长产业链，先后开展了二月兰籽油低温压榨与油脂精炼技术研究、田菁胶提取与田菁生物炭制备工艺优化、绿肥蜂蜜与绿肥饲草生产与加工技术研究等工作。二月兰种子出油率37%左右，脂肪酸组成中芥酸含量低（<0.5%），不饱和脂肪酸含量是饱和脂肪酸含量的2倍，其中，亚油酸含量40%以上，亚油酸/亚麻酸为（6～7）:1，符合（4～10）:1的最佳比例。因此，二月兰籽油为高亚油酸低芥酸的健康油脂，尤其适合心血管病患者食用。田菁胶易溶于水，不溶于醇、酮、醚等有机

溶剂，其黏度一般比天然植物胶、海藻酸钠、淀粉高5~10倍。初花期田菁与毛叶苕子干草和草颗粒的粗蛋白含量>20%，且适口性好。

三、推广应用

相关绿肥新品种（系）与绿肥丰产栽培、高效制种技术已在山东、河北、天津等地推广。绿肥饲草、二月兰籽油与精炼已经完成中试。

完成单位：山东省农作物种质资源中心
主要完成人：张晓冬
通信地址：山东省济南市工业北路202号
联系电话：0531-66658177

鲁菁1号田菁

二月兰籽油

绿肥草颗粒

盐碱地藜麦引种栽培技术

一、技术成果水平

该技术针对藜麦滨海盐碱地种植过程中由于土壤含盐量高、土质结构差等因素导致的出苗难、保苗难以及受气候特征的影响导致的高温败育问题开发的滨海地区盐碱地藜麦栽培技术，均为原始创新。以此为基础，授权软件著作权3项，申请并立项地方标准1项，申报专利2项。

二、成果特点

黄河三角洲地区属于暖温带大陆性季风气候，夏季高温容易影响藜麦生殖生长期花粉活性及籽粒的发育，从而导致该区域的滨海盐碱地种植藜麦败育概率显著高于其他地域。因此，通过早播方式，提早生育期，并同时通过育苗移栽保全苗和沟内覆膜保温保墒的栽培技术，防止因为早播导致该区域早春气温不稳定，容易出现倒春寒冻苗的发生。盐碱地育苗移栽技术通过水、肥、土、温等综合环境因素的控制，优化育苗条件，培育壮苗全苗，提高了盐碱地移栽的成活率，解决了盐碱地播种过程中的幼苗率低、保苗难的问题；沟内覆膜种植方法，一方面通过地膜的覆盖，提高了出苗期土壤的保墒及保湿能力，为藜麦的出苗保证了充足的水分和适宜的温度，另一方面塑料薄膜上扎渗水孔，有利于防止下雨积水对塑料膜的破坏以及幼苗生长环境一致性的破坏，可以降低该区域春季雨水多破坏地膜导致增加人工维护的成本。该技术解决了滨海盐碱种植藜麦的关键技术难题。

知识产权证书

三、推广应用

2019年种植业行业标准"盐碱地藜麦栽培技术规程"成功立项，目前该技术在山东润松农业科技有限公司盐碱地示范基地种植10亩。

完成单位：山东省蚕业研究所
主要完成人：梁晓艳，王向誉，郭洪恩
通信地址：山东省烟台市只楚北路21号
联系电话：0535-6525644

沟内覆膜种植方法

酿酒葡萄"1+1"极短梢修剪法

一、技术成果水平

该修剪方法达到国内先进水平。

二、成果特点

目前，胶东酿酒葡萄主产区冬季修剪过程中，一般采取预留2~3个饱满芽的短梢修剪方式，待春季葡萄萌芽后再进行抹芽定梢，需要大量的人工。既增加了栽培管理过程中的人工成本，也加大了葡萄树体养分的消耗，削弱了树势。项目组结合胶东酿酒葡萄主产区不下架埋土的特点，研发出酿酒葡萄省力化修剪方式"1+1"极短梢修剪法。与传统冬季修剪时采取预留2~3个饱满芽的方式相比，本技术根据生产需要，在满足树体生长及枝条空间合理分布的前提下，第二年春天葡萄伤流前进行冬季修剪时，除保留基部隐芽外，在一年生枝条上仅保留一个健壮的主芽，春季萌芽后基本不需要再额外进行抹芽定梢。通过采用该技术树体养分集中，枝条健壮，长势均匀，果实品质提高，并且极大节省了生产中抹芽定梢的人工成本，平均每亩省工1.2个，示范推广4 200余亩，节省人工成本60余万元。

三、推广应用

该技术在君顶酒庄有限公司、蓬莱国宾酒庄有限公司、中粮长城葡萄酒（蓬莱）有限公司等基地示范推广4 200余亩。

完成单位：山东省葡萄研究院
主要完成人：宫磊
通信地址：山东省济南市工业南路103号
联系电话：0531-85598010

极短梢修剪图片

鲜食葡萄轻简化绿色生产技术

一、技术成果水平

该成果达到国内先进水平，已获得专利3项，形成操作规程2项。

二、成果特点

鲜食葡萄轻简化绿色生产技术针对目前山东省鲜食葡萄栽培品种单一、管理缺乏标准、果品质量不高、农药化肥使用过量、生产效率不高等实际问题，研究集成的鲜食葡萄节本增效的绿色栽培技术，主要包括以下几种。

一是标准化架式与树形，以轻简化为核心，以提高果实品质为目的，采用用工量低、易操作、便于管理的标准化树形。

二是花穗整形技术，通过花穗整形，调控果穗大小，提高果实质量及商品性状。

三是果园土壤管理技术，通过增加土壤有机质、培养地力等改善果园土壤肥力。

四是避雨栽培技术，通过简易避雨覆盖，显著降低病害发生，降低生产成本，提升果实品质。

五是病虫害绿色防控技术，通过物理、生物防控技术结合化学防控葡萄病虫害，减少化学药剂使用，降低成本，提升果实品质。

轻简化栽培示范

六是机械化管理规程，现代高标准建园，机械化管理模式，降低人工成本。

三、推广应用

该成果在济南、青岛、济宁、淄博、聊城等地开展集成示范，果实品质显著提升，生产成本下降，取得了良好的经济效益和社会效益。

完成单位：山东省葡萄研究院
主要完成人：吴新颖，高欢欢，陈迎春，杨阳，宫磊，尹向田，王咏梅，任凤山
通信地址：山东省济南市二环东路3666号
联系电话：0531-85598010

病虫害绿色防控技术研究示范

一种玫瑰嫁接新技术

一、技术成果水平

达到较高水平。

二、成果特点

传统的嫁接方法是接穗直接嫁接到木香、蔷薇、野蔷薇的砧木上，占地面积较大，难操作，成活率低。本嫁接方法将接穗嫁接到日本无刺蔷薇上较大的提高了品种嫁接速度。具备以下优点。

一是改用日本无刺蔷薇为砧木，方便了操作，提高了嫁接速度。

二是直接将嫁接苗扦插到河沙中，减少了育苗面积，提高了土地利用效率。

三、推广应用

本技术在济南紫金玫瑰有限公司示范推广优质嫁接苗50 000棵以上，有效提高了玫瑰花质量、产量及植株的抗病性。

完成单位：山东省葡萄研究院
主要完成人：李益，孟宪水，任凤山，于清琴，张晶莹，刘艳，刘兰设，尹向田
通信地址：山东省济南市二环东路3666号
联系电话：0531-85598010

苗圃

成龄苹果园提质增效技术

一、技术成果水平

该成果紧扣产业需求，技术创新突出，社会经济效益巨大。成果总体居国际同类研究先进水平，其中，研发的"计划间伐优化群体结构、改形减枝优化树体结构及优质结果枝组培养与搭配"3项核心关键技术属国际首创，技术标准和规程填补了国内外空白，居国际领先。

二、成果特点

对于成龄低效苹果园，目前，生产中主要是通过合理间伐（一次性间伐或计划间伐）优化果园群体结构，改形减枝（提干、落头、疏大枝、缩冠等整形修剪措施）优化树体结构，以及培养结果枝组、调整枝组合理空间搭配来解决果园密闭问题，改善树冠内的光照分布，增加果树的光合效能，促进果实着色，同时，加强土、水、肥管理（沃土壮根技术、小沟交替灌溉、水肥一体化等），花果管理（壁蜂或人工辅助授粉、疏花疏果、合理负载、果实套袋、铺设反光膜、适期分批采收等技术），应用适合于苹果病虫防控的生态调控、生物防治、物理防治、科学用药等绿色防控技术，改造园优质果率提高15%～25%，可溶性固形物含量提高1.5%～3%。

三、推广应用

目前，在全省建立郁闭间伐改造示范园65处1.9万亩，优质果率达到95%以上，比改造以前提高20%以上，减少喷药2～3次；建立郁闭园缩冠改形示范园43处1.3万亩，培训各类技术人员21.8万人次；在全省推广425.19万亩，生产成本降低886元/亩，平均实现节本增效2 380元/亩，累计实现经济效益63.76亿元，社会效益和生态效益显著。本技术适宜渤海湾、黄河故道、黄土高原苹果产区应用。

完成单位：山东省果树研究所
主要完成人：王金政，薛晓敏，王来平
通信地址：山东省泰安市龙潭路66号
联系电话：13705383639

化学疏花疏果技术

一、技术成果水平

该成果研发出"智舒优花""智舒优果"2种高效疏花、疏果剂，并实现商品化生产；筛选出石硫合剂、植物油、萘乙酸、萘乙酸钠等生态友好型疏花、疏果剂；建立了化学疏花疏果技术体系。

二、成果特点

苹果生产过程中，传统疏花疏果方式用工量大。随着劳动力成本增加，减少用工是苹果生产节本增效的重要途径。化学疏花疏果技术利用机械喷施化学制剂进行智能疏花疏果，经过多年中式、熟化，证明该技术可靠性强、易操作、疏花疏果效果显著，极大地节省了疏花疏果环节用工，明显降低苹果生产成本。嘎啦苹果经过2次疏花，单果率可达87.8%～95%，富士苹果经过2次疏花2次疏果，单果率可达65%～86%，果品安全达到绿色果品等级。不仅如此，化学疏花疏果还改善了果树营养，增大果个，促进果树生长发育，并有效防止因缺钙引起的生理病害。该技术每亩少用7～8个人工，节约用工80%以上，直接减少人工成本800～1 000元，节本增效显著，经济、社会效益巨大。

喷施疏果剂效果

三、推广应用

化学疏花疏果技术市场转化情况良好，制剂商品化生产（商品名智舒优花、智舒优果）。目前，在山东产区推广面积8万余亩，山西、陕西等国内苹果主产区推广面积38万余亩，效果显著，社会响应强烈。

完成单位：山东省果树研究所
主要完成人：王金政，薛晓敏，王来平
通信地址：山东省泰安市龙潭路66号
联系电话：13705383639

栖霞苹果化学疏花疏果+无袋优质栽培技术结果状

苹果无袋栽培优质生产技术

一、技术成果水平

该成果研发出主要虫害（桃小食心虫、梨小食心虫、棉铃虫）防控，建立了主要虫害生物、物理、农业综合防控技术体系；主要病害（轮纹病、炭疽病）防控，建立了主要病害绿色生态综合防控技术体系；果面着色、光洁度提升技术。

二、成果特点

苹果生产过程中，套袋是广泛应用的提高果实外观品质、减少病虫害的技术手段。随着劳动力减少，人工成本不断增加，套袋已成为造成苹果生产成本攀升的关键问题之一。苹果不套袋栽培技术是节本增效、省力化栽培的重要技术。苹果不套袋栽培技术主要包括三维立体病虫害综合防控技术体系及果面促着色、促光洁技术。三维立体病虫害综合防控制技术体系以生物防控中的性信息素监测、诱杀和迷向，精准施药等技术为核心，集成果园栽培措施中的树盘覆盖、行间生草、防鸟/雹网覆盖及果实垫果等配套技术。该技术对果园主要虫害桃小食心虫的防治效果达91.6%～92.5%，梨小食心虫的防治效果达90.2%～94.5%，主要病害炭疽病的防治效果达95%以上。果面促着色、促光洁技术将果面着色指数和光洁指数较对照分别提高9.6%～14.7%、13.6%～16.7%。不套袋苹果果实品质显著提升，可溶性固形物含量提高14%左右，优质果率85%以上。该技术免除苹果生产套袋环节，节约成本2 500～4 000元/亩，经济、社会效益巨大。

栖霞苹果化学疏花疏果+无袋优质栽培技术结果状

三、推广应用

目前，苹果无袋栽培优质生产技术在山东苹果主产区蓬莱、莱州、招远、栖霞、荣成、文登等县市区推广示范约1.5万亩，经济、社会效益十分显著，在科技报、农村大众等省级媒体多次报道，社会反应强烈。

完成单位：山东省果树研究所
主要完成人：王金政，薛晓敏，王来平
通信地址：山东省泰安市龙潭路66号
联系电话：13705383639

无袋栽培优质生产技术

山东省矮砧苹果标准化生产技术

一、技术成果水平

针对本产区矮砧苹果集约栽培模式快速发展的现状，开展苹果矮砧砧穗评价研究，制订5项关于矮砧园建园、整形修剪、水肥一体化、疏花疏果、果实采收等内容的省级技术标准，由山东省标准化协会发布。

二、成果特点

研究了不同矮砧苹果建园、栽植密度、砧木类型、矮化砧长度和树形、水肥管理、省力化疏花疏果、果实采收等对早期丰产和果实品质的影响，建立了完整的矮化自根砧栽培体系。制订山东省矮砧苹果栽培技术标准5项：《矮砧苹果建园技术规程》（T/SDAS 103—2019）、《矮砧苹果整形修剪技术规程》（T/SDAS 105—2019）、《矮砧苹果园水肥一体化技术规程》（T/SDAS 102—2019）、《矮砧苹果疏花疏果技术规程》（T/SDAS 104—2019）、《矮砧苹果采收技术规程》（T/SDAS 106—2019），覆盖苹果栽培的主要环节，为山东省苹果矮砧栽培模式的应用提供了标准化技术支撑，也为实现山东省现代苹果栽培模式标准化体系构建奠定了基础。标准化技术的实施应用，示范园平均优质果率达到85%以上，精品果率达到50%，果园效益显著提高。

三、推广应用

系列标准在栖霞、荣成、沂源、蒙阴、沂水等地累计示范应用3万余亩，优质果率较对照增加30%，有效促进了果农增收。

完成单位：山东省果树研究所
主要完成人：李林光，王海波，何平，常源升，王森，何晓文，等
通信地址：山东省泰安市龙潭路66号
联系电话：0538-8266645

沂源'嘎啦'

荣成'富士'

蒙阴'鲁丽'

矮砧苹果标准栽培示范园

苹果矮砧集约高效栽培模式

一、技术成果水平

以本技术为主要内容的苹果矮化砧木评价利用与示范推广应用成果通过了山东省农牧渔丰收奖励委员会组织的科技成果鉴定，以山东省果茶技术指导站站长苏桂林研究员为组长、山东农业大学教授陈学森和山东省林业科学研究院研究员公庆党为副组长的专家组一致认为，该技术在苹果矮化砧木评价利用、建园技术等方面有创新，总体研究居国际先进水平。

二、成果特点

山东省果树研究所针对当前苹果栽培模式落后、管理困难、难以机械化操作等突出问题，先后开展了砧木选择、合理密植、大苗建园、生草免耕、高光效树形等关键技术研究，通过对各项技术进行优化集成，提出了山东省苹果现代矮砧集约栽培技术，与传统种植模式相比，可提早结果2～3年，第三年产量稳定在1 500千克以上，第四年产量2 000千克以上，前期产量提高1倍以上，优质果率75%～85%，高档果率30%以上，比对照提高25%，经济效益提高50%以上。

三、推广应用

依托山东省农业科学院创新工程"烟台苹果提质增效标准化生产技术集成示范"任务，2017—2019年在栖霞建立示范园3 000亩，取得显著成效：集成大苗建园、矮化砧木、宽行密植、设立支架、高纺锤（细长纺锤）树形、起垄覆盖+生草免耕、病虫害生物物理防控、肥水一体化等关键技术，实现3年生亩产1 106千克，优质果率90.5%，较传统模式提早2～3年结果，同期产量提高47.5%。在烟台地区辐射推广2.5万余亩。

完成单位：山东省果树研究所
主要完成人：王金政，薛晓敏，王来平
通信地址：山东省泰安市龙潭路66号
联系电话：13705383639

适于山东条件的现代矮砧集约栽培模式

果树枝干病害的杀菌组合物及其应用技术

一、技术成果水平

该应用技术涉及 一种防治果树枝干病害的保护、治疗杀菌组合药物及其应用，属农药防治技术领域，获得国家发明专利2项。

二、成果特点

本系列发明涉及多种以防治果树枝干病害为主的农药组合物，主要成分如下。

果树枝干病害治疗剂其组成一按质量百分比为，丁香菌酯0.5%~5%，溴菌腈1%~30%，余量为辅料；其组成二按质量百分比分别为，丁香菌酯1%~80%，辛菌胺1%~80%，余量为辅料。将作用机理不同的两种杀菌剂复配，具有明显的协同增效作用，且能提高药剂渗透作用，延长持效期，不仅显著提高对果树枝干病害的治疗、保护效果，同时，通过对树体的治疗保护加调理，达到治愈枝干病害并防止其复发的目的。

用于防治苹果、桃等果树多种枝干病害，尤其适用于苹果腐烂病、苹果枝干轮纹病、苹果干腐病、桃树流胶病等病害，还可作为嫁接剪枝的封口剂。

三、推广应用

该系列杀菌组合及应用技术在蒙阴、泰安、济宁、沂源的示范园中进行了示范应用，示范面积4 000余亩，治疗效果较对照提高30%~50%，取得了显著的经济生态效益。

完成单位：山东省果树研究所
主要完成人：范昆，付丽，曲健禄
通信地址：山东省泰安市龙潭路66号
联系电话：0538-8266575

授权专利

梨优质高效栽培关键技术

一、技术成果水平

该项目主要成果总体研究居国际先进水平。获得国家授权专利10项，其中，发明专利2项，软件著作权11项，制订了4项标准。

二、成果特点

我国是世界梨第一生产大国，但目前梨生产中存在果实品质不高、经济效益较低等问题，制约了梨产业的可持续发展。在山东省农业科学院创新工程等项目的支持下，系统开展了梨优质高效关键栽培技术研究，建立了标准化生产技术体系，实现了提质增效、省工节本的目标。

1. 定性了梨果实主要香气成分，创立了梨果实品质提升关键技术及相关理论，为提高品质提供技术支持

（1）揭示了梨水平网架形、"Y"形等高光效树形的光能利用规律，为品质提升提供理论依据。提出了优质高产梨园的树体结构参数和轻简化修剪技术，发明了一种"Y"形整形装置。水平网架栽培比传统栽培模式减少用工20%，比日韩网架栽培模式降低成本30%。推广应用高光效树形的梨园商品果率达90%以上。提出了一种双层水平臂形树形及整形方法。

（2）研究了梨园生草、覆盖对培肥地力及提高果实品质的影响。连续多年种植紫花苜蓿的梨园土壤有机质含量比对照提高18.4%，菌渣覆盖土壤有机质含量是清耕的2.4倍，土壤矿质营养和理化性状明显改善。自然生草、菌渣覆盖使土壤微生物数量和酶活性显著提高，同时，果实糖含量、香气物质种类和含量明显升高。发明了一种用于果园的草籽播种装置。

（3）研究了梨树营养规律，提出精准施肥技术，提高了肥料利用率。明确了优质高产梨园土壤养分状况，提出了梨园配方施肥不同元素配比及用量等技术参数，使梨园优质果率提高6%，果实含糖量提高12.38%。施有机肥使鸭梨果实香气物质、糖、酸等风味品质显著改善。提出了一种提高套袋鸭梨果实香气的方法，香气物质种类、含量均显著增加。研制出一种盐碱地种植梨树的肥料组合物配方，有效降低了盐碱地梨园的pH值。

2. 探明了梨园主要病虫为害规律，提出了关口前移防控方案，建立了农药减量和花果管理节本增效关键技术，简化管理，降低了成本，解决了梨园管理用药多、用工多的问题

（1）研究提出了梨园农药减量防控技术。明确了主要病虫害发生规律和关键防治时期。研制出一种高效广谱、安全生态、使用方便的树干病害治疗剂，比常规防效提高20%～30%。提出了农药减量防控技术。采用农药减量技术的梨园天敌数量比对照高1.7倍，梨木虱、梨小食心虫等主要害虫比对照发生量减少3.5%～19.2%，用药量减少30%左右，成本降低。研究提出了套袋梨果主要病虫害防控关键技术。

（2）开展了省工高效花果管理技术研究。研制出一种梨树授粉诱导剂，显著提高了梨树坐果率，花序坐果率较对照提高20%。提出了省工套袋技术，明确了梨不同品种最佳套袋时期和套袋方法及适宜纸袋类型。提出黄金梨一次性套三层纸袋省工套袋技术，降低纸袋成本40%左右，减少用工，达到了省工高效目的。

3. 制订《梨园施肥技术规程》（T/SDAS 40—2018）等4项标准

在梨优质高效单项关键技术研究的基础上，集成了以"树体优化、合理施肥、轻简化管理和病虫害综合防控"为主要内容的梨优质高效关键栽培技术体系。

4. 获得成果

获得国家授权专利10项，其中，发明专利2项，软件著作权11个，发表相关论文52篇，主编科技著作8部，制订标准4个，举办培训班100余次，培训技术人员和果农5 000余人次。

本项目成果经专家鉴定委员会鉴定，在树形评价、农药减量等关键技术研究及标准化生产技术集成方面有创新，总体居国际先进水平。

授权专利和标准

三、推广应用

成果技术在山东、河北等地累计推广59.0万亩，已获经济效益5.8亿元，经济、社会和生态效益显著。

完成单位：山东省果树研究所

主要完成人：王少敏，魏树伟，冉昆，张勇，王宏伟，戴振建，董冉，董肖昌

通信地址：山东省泰安市龙潭路66号

联系电话：0538-8207123

高光效树形

设施果菜天敌治虫与蜂授粉技术及产品

一、技术成果水平

设施果菜天敌治虫与蜂授粉技术达到国际先进、国内领先水平，该成果已获得已授权发明专利8项，实用新型专利项34项，农业行业标准1项，山东省地方标准12项，2018年、2019年度国家农业主推技术，2017年、2018年和2019年度省农业主推技术，山东省农业科学院首届支撑乡村振兴最具潜力技术品种（产品）。

二、成果特点

针对国内尤其是黄淮海地区设施果菜的实际生产过程中害虫防疫长期过度依赖化学农药，作物授粉长期依赖化学激素或人工授粉，严重影响农产品质量安全和农民增收的突出问题。通过发掘、筛选优势天敌和授粉昆虫，选育出适合当地设施果菜的优势大敌和授粉昆虫种类及其高效品系；研发了其人工繁育技术、产品质量控制、产品储存、包装、运输等关键技术和设备；初步建立工厂化繁育中试生产线。系列天敌治虫与熊蜂授粉产品包括：天敌昆虫产品——丽蚜小蜂、东亚小花蝽、食蚜瘿蚊、智利小植绥螨；授粉昆虫产品——地熊蜂。系列天敌治虫与熊蜂授粉技术包括：丽蚜小蜂防治粉虱技术、东亚小花蝽防治蓟马技术、食蚜瘿蚊防治蚜虫技术、智利小植绥螨防治叶螨技术和设施果菜熊蜂授粉技术。在此基础上初步研创了以生物防治和生物授粉为核心的设施果菜生态安全高效生产技术模式。该系列技术相对于传统的化学防治和激素蘸花技术，其优点是显著提高了农产品质量安全水平、商品性能和售价；避免了激素引起的畸形果，防止激素残留；省工省力，降低了劳动强度和减少了劳动力。对于保证设施果菜生产的可持续发展、农药减施目标实现提供技术支撑，保障农业生态和农产品质量安全具有重大意义。

熊蜂、丽蚜小蜂、小花蝽

三、推广应用

该成果在全国19个省市、52个地市、107个县区地设施果菜（番茄、茄子、菜椒、樱桃、蓝莓、草莓、甜瓜等）示范应用约10万亩次。对害虫防治效果显著，减少杀虫剂用量50%以上，减少激素用量80%以上，且授粉坐果率达98%以上，亩节本增收3 000元以上，取得了显著的经济效益和生态效益。

完成单位：山东省农业科学院植物保护研究所
主要完成人：郑礼，翟一凡，陈浩，曹广平，代晓彦，孙猛，周浩，吕兵
通信地址：山东省济南市工业北路202号
联系电话：0531-66659902

系列天敌与授粉昆虫产品

山东省重大迁飞性害虫监测预警技术

一、技术成果水平

该成果建设了山东省省域全覆盖的迁飞性害虫监测预警网络平台，开展了迁飞性害虫监测预警，获得监测数据100余万个；探明了棉铃虫、黏虫等重大迁飞行害虫在山东省的迁飞过程；研发了10余种迁飞性害虫监测预警技术及配套设备，授权专利4项，制订地方标准3项。

二、成果特点

建设了由30个高空监测站点、3个昆虫雷达站点和1个指挥中心组成的山东省迁飞性害虫监测预警网络，获得迁飞性害虫监测数据100万个，建成迁飞性害虫数量、图像、遗传信息大数据库3个。探明了棉铃虫、黏虫、二点委夜蛾、玉米螟等重大迁飞性害虫在山东省的迁飞过程，提出了针对重大迁飞性害虫的监测预警技术7项。研发了"智能化高空诱捕灯""特异性光源""简易昆虫收集箱""自动筛选装置"等自动化监测设备10项，授权专利4项，获得软件著作权5项。2019年对入侵我国的重大入侵害虫——草地贪夜蛾开展了空地一体化监测预警，山东省内首次监测到入侵草地贪夜蛾，研发了草地贪夜蛾的田间识别、监测预警、综合防治技术7项，编制《山东省草地贪夜蛾监测预警与综合防治技术手册》，指导山东省草地贪夜蛾的应急防控，在打赢"虫口夺粮"攻坚战，确保全省粮食安全中做出了突出贡献，荣获山东省草地贪夜蛾防控先进集体和先进个人。

发布《山东省草地贪夜蛾监测预警与综合防治技术》

吸虫塔

三、推广应用

该成果在山东省各地市进行了示范应用，提升了全省重大迁飞性害虫的监测预警水平，在2019年全省草地贪夜蛾防控中广泛应用，草地贪夜蛾得到有效防控，没有对玉米等粮食作物造成大的影响，确保了2019年夏粮安全。

完成单位：山东省农业农业科学院植物保护研究所，山东省植物保护总站
主要完成人：门兴元，李丽莉，杨现明，朱军生，房锋，关秀敏，张浩文
通信地址：山东省济南市工业北路202号
联系电话：0531-66658225

昆虫雷达智能投射式诱虫灯

水稻全生育期耐盐性鉴定技术

一、技术成果水平

水稻全生育期耐盐性鉴定技术达到国际先进水平，该成果已授权专利3项，申请专利2项。

二、成果特点

水稻全生育期耐盐性鉴定技术针对目前生产上水稻品种的耐盐性鉴定指标和鉴定技术缺乏、可操作性差、水稻品种耐盐性无法真实体现等问题，通过对水稻不同发育时期进行耐盐性筛选鉴定，建立的操作方便、结果准确，能够全面体现水稻品种耐盐性的新技术。该技术开发了快速全面鉴定水稻耐盐性的技术体系。其主要包括以下组成部分。

1. 水稻种子萌发期可以用12克/升 NaCl溶液处理10天的萌发率作为粳稻耐盐性鉴定标准

本项目通过对20份水稻种质资源，在不同盐浓度下进行萌发实验，通过萌发率、相对盐害率、萌发势等指标鉴定，最终确定12克/升 NaCl溶液处理10天的萌发率能够快速准确显示水稻品种萌发期的耐盐性。

2. 在水稻幼苗期利用150毫摩尔/升 NaCl处理7天时的存活率或者利用叶绿素荧光成像技术在150毫摩尔/升 NaCl处理24小时，检测有效光量子产量（ΦⅡ）与荧光衰减指数（Rfd）数值，作为耐盐鉴定标准

本项目通过对20份水稻种质资源三叶期进行不同盐浓度处理，通过存活率、死叶率、生理指标测定等多方面鉴定，最终确定150毫摩尔/升 NaCl处理7天时的存活率能够快速准确显示水稻品种幼苗期的耐盐性。同时，我们选用了12个水稻种质资源（高耐盐2个、耐盐5个、盐敏感品种5个），分别处理0、4小时、24小时、48小时，比较了多种光谱技术在检测水稻盐胁迫耐性中的应用价值，发现叶绿素荧光成像技术是目前水稻盐胁迫反应检测的最佳技术，具有实验方便简单、灵敏度高、直观等优点。利用150毫摩尔/升 NaCl处理24小时，检测ΦⅡ和Rfd数值，可以精确地评价水稻的盐胁迫耐性。

3. 分蘖期至成熟期可以用产量相关性状（相对穗粒数、相对分蘖数和千粒重）作为指标综合评价耐盐性

本项目通过对20份水稻种质资源进行返青后至成熟期不同盐浓度胁迫处理，通过产量相关性状进行耐盐性评价，最终确定3‰盐胁迫下，相对穗粒数、相对分蘖数和千粒重能够较准确地体现水稻品种的耐盐性。通过上述不同时期水稻品种耐盐性鉴定标准，筛选了上万份水稻种质资源，筛选到多份全生育期耐盐水稻种质资源，为耐盐水稻新品种培育奠定了良好基础。

三、推广应用

该成果在中国科学院遗传与发育生物学研究所、中国农业科学院和东营盛元生态农业有限责任公司等多个科研单位和企业进行了示范应用，通过对水稻品种全生育期耐盐性鉴定，获得多份耐盐水稻种质资源，为耐盐水稻新品种培育奠定良好基础。

完成单位：山东省水稻研究所
主要完成人：谢先芝，郑崇珂，孙伟，彭永彬
通信地址：山东省济南市桑园路2号
联系电话：0531-66658661

水稻全生育期耐盐碱鉴定基地

水稻耐盐碱性鉴定的相关专利

大豆胞囊线虫病防治技术

一、技术成果水平

制订山东省地方标准1项［《大豆胞囊线虫病防治技术规程》（DB37/T 3494—2019）］。

二、成果特点

规定了大豆胞囊线虫病害诊断、防治原则和防治措施。具体如下。

1. 防治原则

以选用抗耐病品种、健身栽培的农业防治措施为基础，综合利用农业防治和化学防治措施，将病害造成的损失控制在经济受害允许水平之内。

2. 防治技术

一是要选用抗病或耐病大豆品种；二是要无病田留种；三是要精选种子；四是要合理轮作；五是要培育壮苗。

3. 化学防治

4. 安全防护

该成果对大豆生产中大豆胞囊线虫病的防治具有一定的指导意义。

ICS 65.020
B 16

DB37

山　东　省　地　方　标　准

DB 37/T 3494—2019

大豆胞囊线虫病防治技术规程

2019 - 01 - 29 发布　　　　2019 - 03 - 01 实施

山东省市场监督管理局　　发布

大豆胞囊线虫病防治技术规程地方标准

三、推广应用

该技术标准在大豆主产区大豆胞囊线虫病防治中得到了运用。

完成单位：山东省农业科学院作物研究所
主要完成人：李伟，徐冉，张礼凤，等
通信地址：山东省济南市工业北路202号创新大楼1027
联系电话：0531-66658685

夏播大豆烟粉虱综合防治技术

一、技术成果水平

制订山东省地方标准1项［《夏播大豆烟粉虱综合防治技术规程》（DB37/T 3504—2019）］。

二、成果特点

规定了夏播大豆烟粉虱综合防治原则和防治技术。具体如下。

1. 防治原则

坚持"预防为主，综合防治"原则，以铲除虫源和阻断扩散途径为基础，综合运用农业防治、物理防治、生物防治、化学防治等措施，合理安全高效使用化学农药。将农药等有害物质在农田环境和粮食中的残留控制在国家标准允许的范围以内。

2. 防治措施

一是农业防治，要需用抗性品种，合理轮作，远离虫源，清除周边杂草。二是物理防治，在发生期悬挂黄色粘虫板诱杀烟粉虱成虫。三是生物防治，通过投放丽蚜小蜂进行生物防治。四是化学防治，通过不同类型不同机理的杀虫剂轮换喷施进行防治。该成果对大豆生产中山东省夏播大豆田间烟粉虱的防治具有一定的指导意义。

夏播大豆烟粉虱综合防治技术规程
地方标准

三、推广应用

该技术标准在山东主产区大豆烟粉虱防治中得到了运用。

完成单位：山东省农业科学院作物研究所
主要完成人：张礼凤，张彦威，李伟，等
通信地址：山东省济南市工业北路202号创新大楼1027
联系电话：0531-66658685

花生主要害虫绿色防控技术

一、技术成果水平

该成果研发了轻简化实用病虫害绿色防控技术7项，组建了花生单作田、花生/玉米间作田、花生/中药材换行间作田3种栽培模式下的主要害虫绿色防控技术体系，该成果得到吴孔明院士、宋宝安院士等国内知名专家的一致好评。

二、成果特点

该成果针对花生生产中迁飞性害虫和地下害虫为害严重、缺乏绿色防控技术等问题，构建了3种栽培模式下的病虫害绿色防控技术体系。

1. 花生单作田"地上、地下"双控技术

应用种衣剂包衣和白僵菌菌剂土壤处理预防苗期病虫害并压低病虫基数，基于精准监测，利用食诱剂诱杀迁入的成虫、利用昆虫病原微生物控制食叶幼虫和地下害虫，建立花生单作田轻简化绿色防控技术模式。

2. 花生/玉米间作田"花/玉"兼控技术

充分发挥花生和玉米间作生态防控作用，在虫情监测基础上，利用玉米吸引诱集害虫成虫，在玉米条带施用食诱剂诱控成虫和释放赤眼蜂寄生虫卵，施用金龟子绿僵菌及昆虫病原线虫控制地下害虫，建立花生/玉米间作田轻简化绿色防控技术模式。

3. 花生/中药材换行间作田"花/药"互利防控技术

在换行轮作+石灰氮处理土壤防控土传病虫害和连作障碍及间作"推拉"趋避害虫和助增天敌控制害虫的基础上，应用食诱剂控制夜蛾科害虫成虫和施用金龟子绿僵菌及昆虫病原线虫控制地下害虫，建立花生/中药材间作轻简化绿色防控技术模式。与传统花生病虫害防控方式相比，减少化学农药用量40%以上，减少防治劳动力投入50%～70%。

三、推广应用

该成果在山东省临沂市、日照市、青岛市花生主产区进行了示范应用，实现了花生主要病虫害的绿色防控。

完成单位：山东省农业科学院植物保护研究所
主要完成人：于毅，门兴元，郭文秀，李丽莉

通信地址：山东省济南市工业北路202号

联系电话：0531-66658601

花生丹参换行间作田

花生单作田

花生徐长卿换行间作田

花生玉米间作田

设施蔬菜氮磷淋溶污染控制技术

一、技术成果水平

2019年"黄淮海集约化农区氮磷面源污染防控关键技术与应用"项目获得山东省科学技术进步奖一等奖，山东省农业科学院为第一完成单位和第一产权单位，联合农业农村部环境保护科研监测所等4家单位共同完成。山东省农业科学院科技创新工程研发内容为该成果的核心技术。

二、成果特点

该成果针对设施蔬菜氮磷用量大损失多、对地下水硝酸盐污染风险高等问题开展研究。揭示了设施蔬菜氮磷面源污染发生规律，明确淋溶是设施蔬菜氮磷损失的主要途径，肥料投入和灌水过量是主要流失驱动因子；创建了设施蔬菜氮磷淋溶损失过程物理阻隔和增碳控氮减排技术。研发出以作物秸秆为原材料的秸秆季铵化水凝胶和生物炭负载氯化铁物理阻隔复合新材料，复合阻隔材料对硝态氮和磷的吸附效果显著，技术应用降低氮磷淋失量分别为65.8%和72.1%。土壤增碳控氮减排技术以高碳低氮磷物料替代传统有机肥料，使根层土壤碳氮比提高25%以上，氮肥投入减少15%～20%，氮淋失量降低64.8%以上。

获奖证书

该成果在蔬菜生产面源污染防控方面取得重大创新，是保障蔬菜主产区产地环境安全条件下的清洁生产技术，兼顾了环境和产量效益，提高养分资源利用效率，控制富营养化关键元素氮磷向水体的排放，为保障设施蔬菜清洁生产和乡村振兴提供技术支撑。

三、推广应用

成果在山东、河南、河北、天津、安徽和江苏等地推广应用，被列为山东省农业主推技术和地方标准，累计推广应用面积192万公顷，氮肥减投210千克/公顷，磷肥减投255千克/公顷，减少氮排放42千克/公顷、磷排放8.85千克/公顷，可减少工程治理投资143元/亩，节省肥料投资126元/亩，生态环境和社会效益显著。技术成果极大推进了农业绿色清洁生产，在保障我国农业可持续发展和生态文明建设方面发挥了重要作用。

完成单位：山东省农业科学院农业资源与环境研究所
主要完成人：李彦，张英鹏，王艳芹，井永苹，薄录吉，仲子文，孙明
通信地址：山东省济南市工业北路202号
联系电话：0531-66657923

有阻隔淋溶液　　　　　　　　无阻隔淋溶液

设施蔬菜氮磷淋溶阻隔技术试验效果

农牧废弃物"三沼"高值化综合利用技术

一、技术成果水平

该成果针对农牧业中产生的固液废弃物，研发了以沼气为纽带的能源化、基质化和还田技术，形成资源化技术15项，得到生物基质和改良土壤产品配方12个，获得发明专利13项，制订地方标准3项。

二、成果特点

农牧废弃物"三沼"综合利用技术的成果，针对目前多种废弃物处理工艺能耗高、沼气工程盈利能力差、废弃物资源化产品单一、沼渣沼液没有出路等问题，根据固态、液态不同种类的废弃物，不同利用方式，研发了高效厌氧发酵反应器及多种物料快速发酵工艺，以及发酵产物高值化利用技术及产品，一揽子解决了废弃物无害化、能源化及还田利用的全过程处理问题。主要包括以下组成部分。

1. 农业废弃物高效厌氧发酵处理装备及高效产气技术

发明了适用于发酵浓度15%～30%的高固体厌氧发酵反应器不产生沼液的二次污染问题，发酵效率高，产地面积小，能耗低。研发了厌氧发酵酸化控制技术、多物料耦合发酵技术、高纤维素厌氧发酵技术等关键技术，解决了蔬菜废弃物、菌渣、药渣等不同物料的发酵困难问题。

2. 养殖废水厌氧后处理技术及装备

针对养殖废水沼气发酵后不同出路的需求，分质开发了基于达标排放的厌氧—厌氧氨氧化高效降解脱氮技术，基于回用的生物过滤及配水技术，以及基于农田利用的沼气叶面肥、沼液滴灌肥等制备技术。

3. 沼渣的基质化利用技术及产品配方

具备利用沼渣与菌渣、秸秆等废弃物制备生物基质和土壤改良剂的制备技术，拥有适用于蔬菜、水稻、草莓、苗木等各种作物的废弃物基质配方20余个，并形成了包含生物基质生产、水肥配套技术、简化无土栽培设施、生物防治为一体的无土栽培技术体系。

4. 沼液的还田阈值及安全性控制技术

构建了沼液农田利用的养分管理方案及安全性指标体系，形成了不同作物沼肥利用技术。

三、推广应用

废弃物高效厌氧发酵技术在菌渣、尾菜等蔬菜废弃物处理中得到应用，提高废弃物产气效率10%以上，增加沼气产量100万立方米；沼渣沼液利用技术被6家企业转让和利用，直接经济效益3 497万元。

完成单位：山东省农业科学院农业资源与环境研究所
主要完成人：姚利，赵自超，张海兰，单洪涛，郭兵
通信地址：山东省济南市工业北路202号
联系电话：0531-66658361，13589048255

高固体厌氧反应器

草莓栽培基质

圆形生物发酵仓处理粪污技术

一、技术成果水平

该技术主要针对畜禽粪便和农业废弃物（稻壳、菌渣、秸秆、锯末等）两种废弃资源，利用微生物好氧发酵原理生产基质肥料，符合畜牧业绿色发展的要求。该技术目前获得专利7项，建立了小麦秸秆、玉米秸秆、稻壳、锯末等废弃资源处理粪污相关实用技术10项，筛选了功能性菌株3个，制订地方标准1项，软件著作权9项。被山东畜牧协会评为2019第二届山东农牧循环经济高峰论坛新技术新成果。

二、成果特点

圆形生物发酵仓处理粪污技术国内首次创新性采用了圆周往复式自走螺旋翻抛设计，集成应用了电子信息技术、自动控制技术，实现污水喷淋、物料翻拌、温湿控制、排风控制、废气回收自动化和智能化，可远程实时监测发酵仓环境指标和数据传输，采用了封闭式废气处理，粪便以及发酵过程中产生的废气通过生物处理系统，全过程污物（水、气）无排放。与罐式好氧发酵处理粪污设施相比，解决了物料翻拌阻力过大、受力不均、易出现断轴的问题，容量更大、处理粪污的能力更强。该技术模式与罐式好氧发酵设施单位投资成本相当，运行成本费用约为罐式设施的40%，减少了养殖场粪污处理成本。

技术成果证书

三、推广应用

该技术构建了新型的畜禽粪污与农业废弃物资源化处理模式，目前，已在长清、德州等地推广，在规模化养殖场建设示范基地3处，可处理15万只蛋鸡、5 000头猪产生的粪便，年产生物基质肥料7 000吨以上。该技术不受地域气候限制，规模化畜禽养殖场均可推广应用。

完成单位：山东省农业科学院畜牧兽医研究所，山东凯辰环保科技有限公司
主要完成人：黄保华，朱荣生，成建国，余坤华，王怀中，刘兴华，王建才，孙守礼，唐茜
通信地址：山东省济南市桑园路8号
联系电话：王怀中 13153190535

洗脱装置

自走式螺旋翻拌系统

农田沟渠湿地聚盐纳污净化建造技术

一、技术成果水平

农田沟渠湿地聚盐纳污净化建造技术达到国内先进水平，该成果获得发明专利1项，PCT专利2项，PCT国际检索意见表明这两项专利均具有新颖性、创造性和工业实用性，申请发明专利4项。

二、成果特点

针对当前农田沟渠硬化过度，农田径流与灌溉排水N、P污染加剧、农田沟渠景观缺失和生态拦截功能下降等制约农业高质量发展的瓶颈问题，依据生态工程原理，采用工程、生物等措施，集成建立了农田沟渠湿地聚盐纳污净化建造技术。该技术主要通过对传统农田沟渠的生态化改造，在满足农田灌排的前提下，充分利用乡土植物、土壤和人工基质材料等的吸收、吸附功能，有效截留净化和转化来自农田的COD、氮和磷等物质，减少农田排水对区域河流的污染，同时提升农田生态系统的景观和生物多样性，提高资源利用率。技术要点如下。

专利证书

1. 乡土湿地植物选择

筛选出广泛适用的芦苇、香蒲、美人蕉、鸢尾、水芹、水葱等湿地植物，确定不同湿地植物的吸污净化功能。从过水出水到蓄水7天后出水，COD去除率达到39%～58%，总氮去除率达到31%～87%，铵态氮去除率达到57%～91%，总磷去除率达到63%～97%，根据农田灌溉沟渠污染负荷选择不同植物。

2. 生态沟渠湿地生态系统构建

植物配置，按照农田沟渠是常年有水还是间歇性有水，配置3～5种不同耐受水位变化的植物，合理搭配植物物种，保证生态系统系统的生物多样性和稳定性。基质配置，基于水污染负荷和植物生长需求，选择富铁砾石、炉渣搭配。

3. 生态沟渠工程设计

针对不同农田沟渠，参照《灌溉与排水工程设计规范》（GB 50288—

2018），确定沟渠工程设计边坡坡度、沟底宽、基质坝高度等参数。在沟壁与沟底上铺设生态混凝土混合物，建设基质坝，用于截盐，在沟壁与生态基质床上种植适应的植物。沟渠建成后既能保障行水通畅，又能减少过水对沟壁土壤的冲刷，提高生态沟渠去污能力。同时，增加了农田系统的生物多样性及景观性，为野生动物和植物创造生存环境。

4. 湿地植物收割与利用

每年定期收割沟渠湿地植物，对于生物质量大、纤维含量高的植物，用于开发生物基。对于适合堆肥的植物，联合秸秆、畜禽粪便用于生产生物有机肥。

三、推广应用

该成果在寿光、济南等农田沟渠进行了示范应用。在未建生态沟渠湿地前，农田沟渠排水均直接排放，COD、总磷和总氮的含量分别劣于《地表水环境质量标准》（GB 3838—2002）中Ⅳ类和Ⅴ类水质标准。建设生态沟渠湿地系统，稳定运行3个月以后，实验区域内水田排水水质均达到Ⅲ类水质标准，部分水质不达标水质通过延长蓄水时间就能达到Ⅲ类水质标准。

完成单位：山东省农业可持续发展研究所，山东省农业科学院家禽研究所
主要完成人：李新华，张燕，董红云，朱振林，杨丽萍，张锡金
通信地址：山东省济南市工业北路202号创新大楼1625室
联系电话：0531-66659068

济南农田生态沟渠湿地

寿光农田生态沟渠湿地

稻麦秸秆全量还田肥料减施技术

一、技术成果水平

该成果已授权实用新型专利2项，发布山东省农业技术规程1项，获山东省农业科学院科技进步奖二等奖1项。

二、成果特点

在深入分析山东省稻麦秸秆还田过程中存在的秸秆漂浮影响插秧、秸秆腐解与稻苗争氮、秸秆腐解产生毒气伤根等系列问题基础上，有针对性地研发了稻麦秸秆还田肥料减施关键技术。

1. 主要技术要点

前茬作物收获后再用打茬机将秸秆粉碎1～2遍，粉碎至5厘米以下，并将秸秆均匀分散开。将尿素10千克和秸秆促腐剂均匀撒施于秸秆表面，然后用旋耕机旋耕两遍，使秸秆、土壤、肥料充分混合。追肥时减除尿素10千克，追肥比例不变。在插秧后10～15天，及时晾田，排出毒气，尽可能自然耗干，以减少养分流失。随秸秆还田年限的延长和地力水平的提高，可减少化肥施用量：连续还田4年可较常规施肥（N：276千克/公顷；P_2O_5：135千克/公顷；K_2O：76千克/公顷）减施化肥15%。

2. 主要优势

（1）地力显著提升。常规施肥条件下，连续秸秆还田4年后，耕层土壤有机质、碱解氮、速效磷、速效钾含量较秸秆移除显著提高，提高幅度分别为8.57%、8.33%、7.25%和31.8%。

（2）作物产量显著提高。与常规施肥+秸秆移除相比，减施化肥15%+秸秆还田增产稻谷8.21%。

（3）秸秆还田的化肥替代效果显著。连续还田4年，可减施化肥15%，随着还田年限的延长和地力水平的提高，化肥减施量会更大。

三、推广应用

据不完全统计，该技术在山东省稻区累计推广318.5万亩，按亩平均节支化肥农药40元、亩平均增产稻谷30千克、优质稻谷2.4元/千克计，亩增收节支112元，新增经济效益43 198.4万元。近3年推广232.7万亩，占全省水稻种植面积的40%以上，新增经济效益26 062.4万元。

完成单位：山东省水稻研究所

主要完成人：赵庆雷，信彩云

通信地址：山东省济南市桑园路2号

联系电话：0531-66658273

旋耕还田

孕穗期田间长势

知识产权证书

温室水肥精准施用技术

一、技术成果水平

该成果达到国内先进水平，申请专利3项，授权1项。

二、成果特点

优化温室结构，安装智能环控装备，实时监测温室湿度、温度、光照强度、土壤湿度、土壤EC值等，将监测到的环境数据通过无线网络传输到后台管理平台，管理平台对数据进行分析，根据设定的阈值，控制通风、卷帘、灌溉、施肥等装置，进行自动化管理。水肥精准施用采用自主研发的恒压水肥一体化系统，由恒压供水系统、恒压供肥系统、数据采集、反馈及辅助管理系统组成，采用供肥中心+肥料管道恒压传输+施肥终端机进行智能比例控制方式。供肥中心由三套溶肥系统分别完成肥液准备及恒压输出，3种不同的营养液（均为单一营养液）均由专用管道进入各个灌区中之后，根据作物所需不同营养元素的要求，通过施肥终端机的流量计进行精确控制。还配置了智能型便携式施肥机，利用该施肥机向滴灌或喷灌末端输入微量元素，从而实现按需补灌、按需施肥的精准灌溉及水肥一体化技术，此模式的管理范围受供水能力和供肥能力的制约，其管理面积主要视水源条件来确定，从工程投入和能耗效率角度考虑，以50～100亩为宜，具体实施时，建议上限100亩为一个单元。恒压水肥一体化设备与目前市面上的其他水肥一体化设备相比，采用肥料末端混合的方法进行施肥管理，即肥料通过管道恒压运输到不同灌区，不同灌区安装终端施肥机，终端施肥机按照作物需肥规律将肥料混合供给作物，能够使用不同水肥方案对不同灌区进行水肥管理。

三、推广应用

该成果已在山东省农业科学院黄河三角洲现代农业试验示范基地投入使用。通过对该基地的工作人员进行系统培训，讲解恒压水肥一体化设备的原理和使用方法，基地工作人员能够熟练应用该设备对温室大棚蔬菜进行水肥一体化管理。同时，院领导和同行专家现场指导，对恒压水肥一体化设备提升提出了宝贵意见。

完成单位：山东省蚕业研究所
主要完成人：郭洪恩，李俊林，任玉洁，聂文婧

通信地址：山东省烟台市只楚北路21号
联系电话：0535-6531062

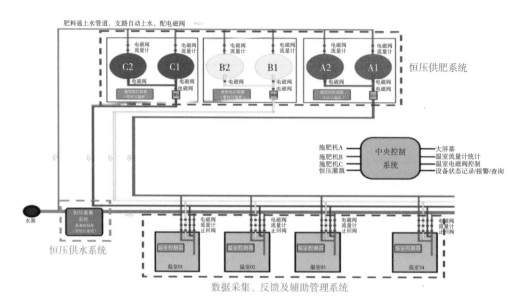

温室大棚恒压水肥系统示意图

恒压水肥一体化设备

恒压水肥一体化设备使用培训

可农用废弃物无害化处理及有机类肥料研发技术

一、技术成果水平

该技术成果将可农用的废弃物无害化并制作有机类肥料，获得相关授权发明专利4项，"沼渣有机肥及其制备方法""一种抗旱缓释型盐碱土壤调理剂及其制备方法与应用""一种改良酸化或酸性土壤的有机环保型土壤调理剂""植物源抗病型叶面肥及其制备方法"。

二、成果特点

该成果根据废弃物种类选择不同的无害化方式，采用"高温好氧快速堆肥化技术"处理畜禽粪便、秸秆等废弃物，利用"酸碱法、酶法和微生物"等方法提取次牛牛蒡根、大豆废液等废弃物中抗逆促生有效物质（寡糖、氨基酸等）。无害化处理后不可溶物料制作商品有机肥料、有机无机肥料、生物有机肥、土壤调理剂，可溶物料制作具有抗逆功能的有机水溶肥。畜禽粪便无害化后符合GB/T 7959—2012标准。制备的肥料符合相应的国家标准，如有机肥符合NY 525—2012标准，有机水溶肥符合含氨基酸、腐殖酸、海藻酸水溶肥等标准。

该成果适合的废弃物种类有畜禽粪便（牛粪、鸡粪、猪粪等）、食品加工废弃物（食用菌菌渣、味精厂废液、糖厂滤泥等）、农作物秸秆等。

三、推广应用

该技术成果在不同规模养殖场进行推广，在日照推广了小规模养殖场畜禽粪便集中收集处理、制作有机肥技术；在阳信推广了大规模养牛场粪便处理、制作有机肥技术。

完成单位：山东省农业科学院农业资源与环境研究所
主要完成人：张玉凤，田慎重，边文范
通信地址：山东省济南市工业北路202号
联系电话：0531-66659360

肥料照片

专利证书

北方桃园农药化肥减施增效技术

一、技术成果水平

该成果对我国北方桃主产区农药化肥使用情况及土壤环境质量状况开展了连续监测和调查，基本掌握了桃园土壤状况和农药化肥使用现状；研发集成轻简化实用技术8项，获得国家发明专利2项，制订标准8项，研制专用有机肥（中试）产品1个，出版著作1部。该成果整体处于国内领先水平。

二、成果特点

在山东、河北、山西、北京、天津等北方桃主要产区开展了桃园农药化肥使用情况及土壤环境质量状况连续监测和调查，基本掌握了桃园土壤状况和农药化肥使用现状；研发集成有机肥+缓控释肥省力化节肥技术、桃园生草技术、桃园水肥一体化技术、桃蚜精准防控技术、梨小食心虫绿色防控技术、桃园橘小实蝇防控技术、桃园病虫生态调控技术等省力实用的减肥减药技术8项；建立了桃绿色优质省力化栽培技术规程、桃病虫害农药减量防控技术规程、桃安全生产综合管理技术规程、华北中晚熟桃病虫害精准防控技术规程、桃园水肥一体化综合管理技术规程、华北中晚熟桃化肥减施增效技术规程、桃高光效双株细"V"形肥药减施栽培技术规程7项技术规程。该技术主要为技术集成创新，为有力助推北方桃园农药化肥减施工作提供科学依据和技术支撑。

发明专利证书

研制多元矿物有机肥料（中试）

三、推广应用

技术集成创新，建立了"北方桃化肥农药减施增效综合技术模式"，新技术、新模式在山东、河北、天津、山西等地累计推广应用11.3万亩，辐射带动30余万亩，减少化肥用量35%以上，减少化学农药用量40%以上，经济效益增加5%以上，经济、社会、生态效益显著。

完成单位：山东省果树研究所，山东省农业科学院农业资源与环境研究所
主要完成人：张勇，马亚男，翟浩，沈玉文，宋效宗，安淼，魏树伟，孙洪雁
通信地址：山东省泰安市龙潭路66号
联系电话：13853849689

出版著作《果园农药科学使用技术》

低升糖指数藕粉馒头与馒头粉生产技术

一、技术成果水平

研制了藕粉馒头和藕馒头粉2种产品及其生产技术，发表论文3篇，申报发明专利2项。

二、成果特点

藕粉馒头升糖指数54.1，为低升糖指数产品。突破了藕粉添加量过低导致的升糖指数下降不明显的技术难题，藕粉添加量由普通技术不超过10%的添加量提高到30%以上，升糖指数由70.9降至54.1，为低升糖指数。经动物试验，糖尿病大鼠的血糖、血脂、氧化应激状况得到显著改善，广泛适合糖尿病人群及高血糖人群、高血脂人群食用。

藕粉物理改性，降低了藕粉升糖指数，提升了藕粉馒头食用品质。由于缺乏面筋蛋白，藕粉添加到小麦粉中会稀释由麦谷蛋白—脂肪—淀粉形成的面团结构。成果采用湿法物理改性技术，降低了藕粉的升糖指数，提升了藕粉—小麦粉复合粉的加工品质，提高了面团的稳定性和醒发、持气能力。藕粉馒头食用品质达到与普通小麦粉相当的食用品质，质构仪测定结果发现，藕粉馒头弹性和回复性优于普通小麦粉馒头。

藕馒头粉优化配粉技术。突破了藕粉湿法改性后难于干燥的技术难题，筛选获得了适于与改性藕粉复配的专用小麦粉品种。优化多元混合技术，形成了藕馒头粉生产技术，可直接用于生产低升糖指数馒头。

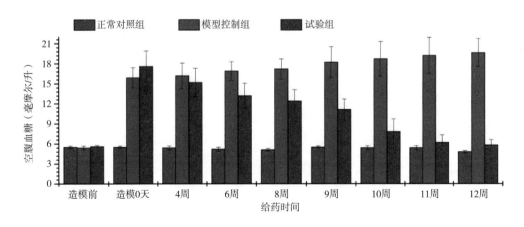

糖尿病大鼠饲喂藕粉馒头后血糖变化

三、推广应用

成果在东营莲藕加工企业开展了示范应用，进一步优化了技术参数，完成了产业化设计。

完成单位：山东省农业科学院作物研究所
主要完成人：龚魁杰，李晓月，陈利容，孙琳琳，郭玉秋，张娜娜，张守梅
通信地址：山东省济南市工业北路202号
联系电话：0531-66659845

藕粉馒头

果蔬农药残留快速筛查技术

一、技术成果水平

通过对农药残留快筛技术进行系统研发，成功开发200种农药的定性检测方法和34种农药的半定量分析方法，申报山东省地方标准6项并获立项，已有1项通过审定待发布，已编制3项农产品中农药残留快速筛查检测技术规程，申请国家发明专利两项，为该方法的推广应用提供技术支撑。依托此技术成功研发的"果蔬产品中农药残留快速筛查质谱平台"，也已配合政府部门进行多次现场检测和科技服务。

二、成果特点

本技术已与我国台湾中山大学、安捷伦科技有限公司、山东国投鸿基检测技术股份有限公司联合研发的热解析电喷雾离子源结合新型原位电离串联质谱联用技术，待测样品不需要前处理，省掉了提取净化等环节，节省了大量有机溶剂，极大地提高了检测速度和结果准确性。基于此技术建立了果蔬中农药残留快速检测方法，该方法在番茄、梨和苹果等样品上农药残留的检出限能达到0.01毫克/千克，能够满足限量标准的要求。目前，已建立蔬菜水果中200多种农药快速筛查方法，同时又进行了果蔬中农药残留快速筛查半定量分析方法研究，建立了34种农药在番茄、辣椒、梨、苹果等样品上快速筛查的半定量分析方法，使得本方法在对农药残留种类准确筛查的同时，能够给出一定的定量参考。与目前农药残留检测的国家标准方法实验室仪器法和可以现场检测的酶抑制法相比，本方法克服了实验室精准检测方法样品前处理要求提取、净化、浓缩等烦琐过程，前处理复杂检测周期长，且无法现场检测的问题，同时也避免了酶抑制法检测的灵敏度差、检出限高、无法满足国家农药残留限量标准要求、检测农药种类少、无法定性定量、检测结果重现性差等的缺点。依托此技术成功研发了"果蔬产品中农药残留快速筛查质谱平台"，将实验室搬到市场与田间地头，使农药残留移动质谱快速筛查技术能够随时随地的为农产品质量安全保驾护航。该技术可满足政府监管的全面实时快速有效的要求，提高监管质量，为政府部门现场执法和全面监管提供重要技术支撑，对提高山东省乃至全国农产品质量安全具有重要意义。

三、推广应用

本研究建立的"农药残留快速筛查质谱移动平台"已多次配合政府部门活

动提供现场检测服务，并已在寿光检测中心、华仪尚谱（北京）有限公司、安捷伦（中国）科技有限公司和兰州食药所等企业和监管机构推广应用，为1 000多家村头地边蔬菜交易市场和农村集市提供快速检测服务，已经完成万余份样本检测任务，实现蔬菜种植主体和蔬菜经营主体抽检全覆盖。"农药残留快速筛查质谱移动平台"技术成果多次被《科技日报》、凤凰网和新华网等新闻媒体报道。

完成单位：山东省农业科学院农业质量标准与检测技术研究所

主要完成人：陈子雷，郭长英，张树秋，李慧冬，王玉涛，丁蕊艳，毛江胜，方丽萍，张文君，颜朦朦

通信地址：山东省济南市工业北路202号

联系电话：0531-66659036，13589081425

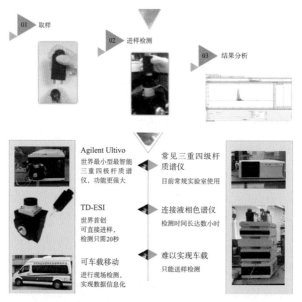

相关技术流程

新闻发布会

玉米质量安全风险评估与控制关键技术

一、技术成果水平

该成果对山东省玉米质量安全检测技术单一、风险评估和预警技术薄弱、抗性品种缺乏、质量安全控制技术薄弱等严重制约其质量安全的监管和防控问题，开发玉米生产过程控制关键风险因子系列检测方法3项；构建山东省玉米风险因子质量安全数据库1个，建立真菌毒素、农药残留、重金属危害分级及预警方法2个，制订地方标准2项［《玉米中黄曲霉毒素防控技术规程》（DB37/T 3854—2019）、《玉米黄曲霉毒素检测抽样技术规程》（DB37/T 3853—2019）］。

二、成果特点

玉米是山东省第二大粮食作物，又是重要的饲料和工业原料。影响玉米质量安全的风险隐患较多，包括产地环节土壤重金属污染、生产贮运环节的农药残留和真菌毒素污染等，既影响人类和动物的健康，也会造成巨大的经济损失。质量安全是玉米及饲料产业的生命线，质量安全检测技术单一、风险评估和预警技术薄弱、抗性品种缺乏、质量安全控制技术薄弱等问题严重制约其质量安全的监管和防控。该项目针对以上问题，开展了系统研究及应用，取得以下突破性成果。

1. 开发玉米生产过程控制关键风险因子系列检测方法，提高玉米中真菌毒素、农药残留和土壤中重金属的检测效率，实现玉米风险因子的快速检测与及时有效预警

开发了玉米中14种真菌毒素和20种农药的同步快速检测技术，霉菌毒素同步检测技术成本降低60%以上，可实现10分钟内快速分离，同时满足我国和欧盟霉菌毒素限量标准的要求；农药残留同步检测技术解决了单一标准中检测种类有限、前处理方法繁复的技术难题。开发了石墨消解—电感耦合等离子体发射光谱法测定土壤中铅、铬、铁、锰、铜、锌6种重金属风险因子同步检测，大大提高了土壤样品同时测试重金属时的分析效率，提供了更低的检出限，同时保证了样品分析的准确性。

2. 构建山东省玉米风险因子质量安全数据库，建立真菌毒素、农药残留、重金属危害分级及预警体系，为提升我国玉米质量安全水平提供技术支撑

围绕影响玉米质量安全的主要风险因子真菌毒素、农药残留、重金属，率先创建了山东省玉米真菌毒素、农药残留和产地重金属风险评估数据库，并绘

制了山东省玉米主要风险因子污染分布图谱，解决了山东省玉米风险因子基础数据缺失的难题。对玉米真菌毒素和产地重金属进行风险分级，明确了AFB1为真菌毒素中的重点关注指标，镉、汞和铜虽有一定的积累，但并未超过国家二级指标。山东省产地重金属和玉米的真菌毒素污染整体处于一个低和中等风险水平。

3. 建立玉米生产过程真菌毒素防控技术规程，制订关键点控制技术规范并应用于生产，解决我国玉米真菌毒素防控的技术难题

采用种子接种抗性筛查法，对玉米品种和育种资源进行伏马毒素抗性筛查，筛选了10个抗真菌侵染的育种材料。明确了贮藏过程中玉米真菌毒素的关键控制点，烘干、4℃储存、选取高抗镰刀菌玉米品种可有效控制在贮藏过程中伏马毒素B1对玉米的污染。通过对种子抗性品种、田间农艺措施、收贮运环节等条件的筛选，建立玉米生产过程真菌毒素防控技术规程，并进行示范推广。

建立的玉米系列风险因子检测技术、评估预警体系及生产风险控制体系，在河南省、山东省济南、潍坊、德州市等相关质检机构、种子及饲料生产企业广泛应用，经济、生态和社会效益显著。

三、推广应用

近3年来，玉米真菌毒素防控技术规程和风险因子检测、风险评估危害分级及预警技术，在河南、山东济南、滨州、德州等相关质检机构、种子生产企业广泛应用，经济、生态和社会效益显著。实现新增销售额11 200万元，新增利润3 920.5万元。举办80余期培训班，培训专业检测技术人才3 215人次、玉米产业从业人员6 123人次，为企事业单位提质增效、节能减排，保护国产玉米产业的健康发展提供强有力的技术支撑。

完成单位：山东省农业科学院农业质量标准与检测技术研究所，山东省农业科学院玉米研究所
主要完成人：刘宾，赵善仓，丁照华，董燕婕，范丽霞，苑学霞，王磊
通信地址：山东省济南市工业北路202号
联系电话：0531-66659299

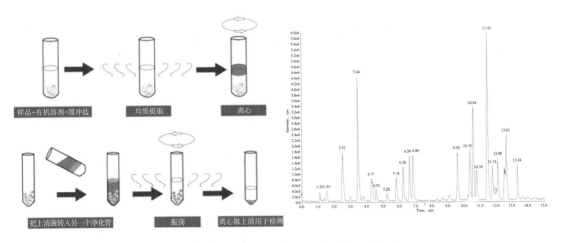

玉米真菌毒素和农药残留快速检测技术

山东省玉米防控技术地方标准

高光效桃园建园参数确定技术

一、技术成果水平

该方法根据太阳运行规律，选取秋分9时的方位角α和高度角β，计算不同树高的主干形和"Y"形桃树株行距及"Y"形桃树的两主枝夹角；建立桃园高光效园建立技术规范1项，获得软件著作权2项，获得实用新型专利1项。

二、成果特点

该方法根据地理学不同经纬度的太阳的方位角α和高度角β随着时间的变化规律，根据主干形和"Y"形树形特点、果实成熟时间、枝条停止生长时间或者花芽分化时间，计算合适的株行距数据和主枝开张角度。以秋分9时的方位角α和高度角β为例进行计算，计算时，去除定干高度以下没有果枝部分。

主干形计算公式：投影高度h：$β<180°$时，$h=4-1×\tanα/\cos（β-90°）$，$β≥180°$时，$h=4-1×\tanα/\cos（270°-β）$或者$h=4-1×\tanα/\cos（180°-β）$，株距n：$n=（4-H）/\tanα$。通过计算，主干形树高4米，行距应选择4~5米，株距2米，定干高度0.6~0.8米。

"Y"形计算公式：A为背阳侧主枝顶点垂直投影到地面的点到树干的距离，$（4-H）\tan（γ/2）$，B为任意一天白天背阳侧主枝在阳光下影子顶点向两主枝所在平面的投影距离，$\sin（β-90）×（4-H）/\tanα$，当$B<A$时，最小行距$=A×2$，当$B>A$时，最小行距$=A+B$，当$A=B$时，即当$\tan（γ/2）=\sin（β-90°）/\tanα$时，求得的$γ$值为72.04°，此时，向阳侧主枝与主干所在的行向的垂直面不会有重叠，为方便生产，取75°。树高3.5米，两主枝夹角75°，行距4.14米，干高0.8米，株距2米。采用该技术在蒙阴、邹城等地建立示范果园，果实着色程度与内在品质显著提高，优质果率较对照增加20个百分点，有效促进了果农增收。

三、推广应用

此方法在蒙阴、邹城的示范园中进行了示范应用，示范面积2 000亩。

完成单位：山东省果树研究所
主要完成人：李桂祥，张安宁，董晓民
通信地址：山东省泰安市龙潭路66号
联系电话：0538-8234532

知识产权证书

"Y"形桃树示范园

主干形桃树结果状

"主干形果树株行距计算系统"应用界面

生鲜乳质量与安全过程控制关键技术

一、技术成果水平

生鲜乳检测技术落后、风险评估技术薄弱、基础数据缺乏等问题是长期制约我国奶业发展的主要瓶颈，针对以上问题，该成果研究生鲜乳质量过程控制关键因子，制订优质生鲜乳生产技术规程，开发奶牛饲料及生鲜乳中霉菌毒素、抗菌类药物、类固醇激素、农药残留和违禁添加物的检测技术体系。构建山东省饲料及生鲜乳质量安全风险因子数据库，建立风险评估技术体系与兽药残留危害分级及预警体系，制订关键点控制技术规范并应用于生产，实现了饲料—生鲜乳生产链的全程风险控制，为提升我国生鲜乳质量安全水平提供技术支撑。项目成果获发明专利4项、实用新型7项，软件著作权4项；发表论文13篇，其中，SCI收录4篇。

二、成果特点

生鲜乳检测技术落后、风险评估技术薄弱、基础数据缺乏等问题是长期制约我国奶业发展的主要瓶颈，主要采取相应措施，创立了以下成果。

1. 建立了生鲜乳质量过程控制关键因子，制订优质生鲜乳生产技术规程，解决我国生鲜乳质量低的技术难题

明确了地区、季节、养殖规模、不同泌乳期和胎次等对生鲜乳质量的影响，通过分析生鲜乳中蛋白质、脂肪、氨基酸、脂肪酸、乳铁蛋白、免疫球蛋白（IgG）、α-乳白蛋白、β-乳球蛋白等含量等营养成分，提出控制生鲜乳质量的关键点，制订优质生鲜乳生产技术规程。该研究结果已经用于养殖场及奶农合作社生鲜乳生产实践中，大大提高了生鲜乳质量。

2. 开发生鲜乳安全过程控制关键风险因子系列检测方法，解决我国检测技术落后和效率低下的重大技术难题

开发奶牛饲料及生鲜乳中霉菌毒素、抗菌类药物、类固醇激素、农药残留和违禁添加物的检测技术体系。其中，霉菌毒素同步检测技术成本降低60%以上，可实现10分钟内快速分离，同时满足我国和欧盟霉菌毒素限量标准的要求；兽药残留同步检测技术解决了单一标准中检测种类有限、前处理方法繁复的技术难题。构建黄曲霉毒素三聚氰胺等系列风险因子检测方法，使得我国生鲜乳风险因子高灵敏检测技术进入国际前沿。为保障生鲜乳质量安全过程多种风险因子的监督检验提供有效技术支撑。

3. 构建山东省饲料及生鲜乳质量安全风险因子数据库，建立风险评估技术体系与兽药残留危害分级及预警体系，制订关键点控制技术规范并应用于生产，为提升我国生鲜乳质量安全水平提供技术支撑

围绕影响奶及奶制品质量安全的营养功能因子和危害因子（霉菌毒素、兽药残留、微生物）等，率先创建了山东省生鲜乳质量安全数据库，解决了我国生鲜乳基础数据缺失的难题。建立了农产品质量安全风险评估技术体系，并应用于生鲜乳风险评估，揭示了影响生鲜乳质量安全的多个关键控制点。创建了生鲜乳兽药残留预警技术体系。实现了饲料—生鲜乳生产链的全程风险控制。

三、推广应用

该成果通过举办优质生鲜乳生产技术、风险因子检测、危害分级及预警技术培训班、现场指导等多种形式，在国家质检机构、乳品生产企业进行技术推广应用。推动优质生鲜乳工程的实施，在济南、泰安、潍坊等多家养殖场和乳品龙头企业国家、部省级以及山东省地市级检测机构中广泛推广应用，举办10余期培训班，培训专业检测技术人才515人次、奶业从业人员1 123人次，为国家质检机构、乳品生产企业广泛应用，经济、生态和社会效益显著。

完成单位：山东省农业科学院农业质量标准与检测技术研究所
主要完成人：刘宾，赵善仓，董燕婕，苑学霞，范丽霞，王磊
通信地址：山东省济南市工业北路202号
联系电话：0531-66659299

生鲜乳质量安全数据库

甜樱桃、冬枣采后商品化处理关键技术

一、技术成果水平

甜樱桃、冬枣采后商品化处理技术达到国内先进水平，该成果先后申请国家发明专利和实用新型专利9项，发表论文4篇，建立示范基地2个。

二、成果特点

针对山东省甜樱桃、冬枣等特色水果采后商品化处理水平不高，采后贮存期较短等问题，开展果实贮藏期间高致病性病原菌研究、果实采收成熟度对采后贮藏品质的影响研究、电位水预冷杀菌装置和新型包装材料的研制和新型安全绿色防腐剂的应用技术及相关配套技术研究。主要包括以下组成部分。

一是通过对甜樱桃采后储运、低温贮藏过程中腐烂病原菌的分离鉴定，得到6株病原菌，分别为互生链格孢NCPS1和NCPS2、链格孢NCPS3、扩展青霉NCPS4、禾生枝孢NCPS5和土栖帚枝霉NCPS6；为了进一步确定环境因子对病原菌生长的影响，从生长速率、生长温度、生长pH值3个方面进行病原菌的生物学特性研究。致病力研究表明，NCPS1、NCPS2、NCPS3为强致病力菌株。

二是研究了不同采收成熟度对樱桃果实的失重率、腐烂率、色泽、可溶性固形物、还原糖、可滴定酸和感官品质的影响。结果表明，九成熟樱桃色泽鲜艳，可溶性固形物、还原糖及可滴定酸的含量适中，腐烂率低，并且感官评价得分相对稳定，适合用于物流运输。

三是通过对甜樱桃、冬枣的水预冷设备进行升级改造，研制了电位水预冷杀菌一体化装置，并申请了实用新型专利和国家发明专利。

四是通过电位水预冷杀菌、新型防腐剂和包装材料等采后商品化预处理技术的研究和集成，开展示范推广，可降低贮藏期间甜樱桃、冬枣腐烂率9%以上，解决了制约不耐储特色水果保存期短的瓶颈问题。

三、推广应用

该成果在山东齐鲁浩华食品科技有限公司、济南市长清区盛之丰大樱桃种植专业合作社进行了示范应用。

完成单位：山东省农业科学院农产品研究所
主要完成人：陈蕾蕾
通信地址：山东省济南市工业北路202号
联系电话：0531-66659292

香菇面条加工关键技术

一、技术成果水平

香菇面条制备技术达到国内领先水平，该成果已获得山东省科技进步奖二等奖1项，全国商业科技进步奖一等奖1项，授权发明专利2项，形成企业标准1项，在山东玉皇粮油食品有限公司建立示范基地1个，与山东玉皇粮油食品有限公司联合共建实验室1个。

二、成果特点

针对山东省香菇精深加工率低、加工技术储备不足等问题，以香菇超微粉的制备对面团特性的影响为突破口，开展了香菇面条产品加工关键技术，赋予面条产品丰富的营养价值和良好的风味口感，提高香菇产品的附加值。该成果开发了方便营养易保藏的香菇面条加工技术及产品。主要包括以下组成部分。

一是研发了气流式超微粉碎技术制备香菇超微粉，确定了进料速度、分离速度、主机速度等参数，减少摩擦生热，从而减少营养物质流失。引入静电分散技术使所制备的香菇超微粉体保持较好的分散性。采用气流式香菇超微粉制备技术制备的香菇超微粉更加细腻，营养含量得到最大限度的保留，粒度分布范围减小10%～20%，蛋白质含量提高5%～10%，氨基酸总量提高约10%。

二是创制了超微香菇营养面粉，明确了香菇超微粉添加量与香菇营养面粉物化性质变化的相关性。大幅度提高了面粉的营养价值，超微香菇营养面粉中氨基酸总量高出15%以上，必需氨基酸总量提高35%以上，其中，赖氨酸含量增幅达66.88%。

三是建立了香菇面条标准化加工技术，对香菇面条熟化、压面、切条等工艺进行优化，极大地提高了香菇超微粉的添加量，面条中香菇超微粉添加量达9%。整合、优化及集成加工工艺，开发了菇香浓郁、营养丰富、口感高于市售商品的香菇面条产品。香菇超微粉的添加解决了普通面条中赖氨酸的缺失及由于加工精度提高导致的膳食纤维等营养素的流失的瓶颈问题，有效减缓老化速率。

三、推广应用

该成果在山东玉皇粮油食品有限公司、山东天晴科技生物有限公司、吴桥宏艺宫面有限责任公司等企业进行了示范应用。

　　完成单位：山东省农业科学院农产品研究所

　　主要完成人：王文亮

　　通信地址：山东省济南市工业北路202号

　　联系电话：0531-66659925

知识产权证书

香菇挂面　　　　　　　与山东玉皇粮油食品有限公司联合共建实验室

保健桑叶茶加工技术及产品

一、技术成果水平

该成果已获授权发明专利1项。

二、成果特点

桑叶作为药食两用的原料，早已在民间广泛应用，中医就将桑叶作为治疗消渴症（现代医学俗称糖尿病）的中药应用于临床。桑树耐贫瘠、耐盐碱、耐涝，种植管理方便简单，产叶量高，取料方便，价格低廉。桑叶中主要降血糖功能成分为1-DNJ，同时，其他活性成分如黄酮类化合物、多糖等具有显著抗氧化、清除机体自由基、减少炎症反应、降低肝损伤等保健功能。该成果主要涉及一种保健桑叶茶的加工技术及产品，包括以下技术特点。

本成果采用盐碱地生长的桑叶为原料。桑树在盐碱胁迫条件下其中的黄酮类化合物和多酚物质会有显著增高的趋势，同时，普通的桑叶茶加工技术在产品加工过程中1-DNJ受热易分解失活，而采用本技术的加工条件进行杀青，可以促进原料中的DNJ类似物及DNJ糖苷转化为1-DNJ，从而提高了桑叶茶的保健功效。

保健桑叶茶经杀青—摊凉—揉捻—曲毫—烘干等科学的加工工艺制备而成，加工而成的桑芽茶汤色青绿、茶香浓郁，较好地保留了桑芽中的DNJ、黄酮、多糖、多酚等活性成分，使得桑叶茶具有降低血糖、降低血脂等功能。

保健桑叶茶

三、推广应用

该成果已在烟台、高青等相关企业进行了示范与应用。

完成单位：山东省蚕业研究所
主要完成人：范作卿，郭洪恩
通信地址：山东省烟台市只楚北路21号
联系电话：0535-6531062

授权专利

特色木本油料核桃与油用牡丹高效加工关键技术

一、技术成果水平

特色木本油料核桃与油用牡丹高效加工关键技术成果达到国内领先水平。该成果获得发明专利14项，制订国家标准2项（包括修订版1项）。

二、成果特点

一是发明了水酶法结合适度压榨制取牡丹籽油工艺，优化了超临界萃取制取核桃油工艺，提高了油脂提取率；发明了酶解耦联美拉德反应法制备浓香型牡丹籽油新技术，实现了牡丹籽油浓香型加工；建立了功能脂肪酸成分的富集工艺，开发了具有降血脂、益智、美容等功效的核桃油软胶囊及牡丹籽油微胶囊产品；建立了牡丹籽油的品质分析方法，并检测确定了不同抗氧化剂的抗氧化效果，为油脂储藏提供了理论依据；首次发现了甘油三酯脂肪酶（ATGL）的抑制因子（G0S2），并系统地阐明了其在体内脂肪酸合成甘油三酯及甘油三酯代谢为脂肪酸后再利用的分子调控机理，依此理论为依据创制开发了上述降血脂产品。

二是摒弃了传统的"湿碱法"去黄衣方法，首创开发了核桃仁物理脱涩新技术；检测分析了不同核桃品种中核桃仁的油脂含量、脂肪酸成分及维生素E含量，为核桃仁精深加工提供了基础数据；以核桃仁为原料，集成超微粉碎、热风干燥、变温压差膨化干燥等技术，开发了核桃粉、核桃酱及系列休闲食品。利用萃取结合分子蒸馏技术，破解了牡丹花精油热敏性及活性成分含量较低的技术难题，并开发了牡丹花精油系列产品；检测分析了牡丹花粉中的活性成分，并利用制备的牡丹花粉甾醇开发了功能型牡丹茶系列产品。

三是通过酶解核桃油粕创制了增强人体免疫的生物活性多肽；利用核桃青皮提取液创制了具有较强韭蛆杀灭效果的新型绿色杀虫剂；通过干馏技术制备了核桃壳烟熏液制剂，广泛应用于医疗卫生和食品加工产业中。通过酶解牡丹籽粕蛋白制备了具有强抗氧化活性的多肽，并利用其创制了多款护肤产品；利用压榨后的牡丹籽粕创制了高品质的三文鱼专用饲料；建立了酶解—醇提—大孔树脂吸附—多重纯化法从牡丹籽粕中制备芍药苷的新技术，实现了油用牡丹籽加工副产物的高值化利用。

三、推广应用

该成果在山东、福建的核桃及油用牡丹加工企业进行了示范应用，近3年应用企业累计新增销售额19.457 9亿元，产生了显著的经济、社会效益。

完成单位：山东省农业科学院农产品研究所，济南华鲁食品有限公司，菏泽尧舜牡丹生物科技有限公司，安徽大学，天宝牡丹生物科技有限公司

主要完成人：孙金月，刘超，杨兴元，王青，郭淑，王新坤，刘冰，毛文岳，王维婷

通信地址：山东省济南市工业北路202号

联系电话：0531-66659825

核桃油软胶囊团队研发的牡丹籽油粉末油脂

知识产权证书

山药周年储藏保鲜技术

一、技术成果水平

该技术通过潍坊市科技局组织的会议鉴定，专家组认为该技术很好地解决了山药储藏保鲜的问题，为企业和农户提供了先进的储藏技术，值得推广和应用。

二、成果特点

大和长芋是目前我国主栽的山药品种，由于山药以前种植面积小，相关研究一直滞后，但是近几年，随着人们生活水平的提高和出口订单的增加，山药种植面积逐年加大，相关研究也逐渐开展。山东是一个蔬菜大省，同时也是一个蔬菜出口大省，山药种植大户很多，同时给山药储藏保鲜提出了很高的要求。山药必须达到周年储藏，周年出货，稳定供应。但是有个别的储藏企业就用杀菌剂来保鲜，造成了农药的二次污染，不符合绿色无公害的要求；有的企业则采用生石灰沾山药切口的方法，造成山药烧伤，烧伤的山药会褐变，同时变硬，造成不必要的浪费。本技术使用复配的冰醋酸和柠檬酸作为山药切口保鲜剂，不会破坏山药的口感和营养成分，并且山药的储存方法简便易行，成本低廉，易操作，储存时间长，山药保鲜效果好，是无公害山药储存新模式，既适合大规模储存也适合家庭储存。冰醋酸和柠檬酸应用在山药储存保鲜上尚属首次。

三、推广应用

山药周年储藏保鲜技术已在潍坊丰收大地商贸有限公司和安丘东方红食品有限公司两家山药加工出口企业推广应用，两家公司常年储藏山药原材料，该技术每年可为两家公司减少因山药腐烂造成的损失约20万元。

完成单位：山东省轻工农副原料研究所
主要完成人：刘少军
通信地址：山东省高密市昌安大道1458号
联系电话：0536-2342764

西洋参遮阴设施升级改造关键技术

一、技术成果水平

2018年10月18日，山东省农业厅组织省内外专家对创新团队开展的西洋参新型遮阴棚高效生产技术示范田进行了田间测产验收。

二、成果特点

通过模拟西洋参林下野生环境，对传统西洋参遮阴设施进行了提升改造，改用钢架结构，提升棚架高度，设计建设了平顶和拱形两种新型西洋参遮阴设施。新的遮阴设施通过改善通风和棚内空气循环等，显著降低了棚内气温，在夏季表现尤为明显，温度可较传统棚低4~5℃，改善了文登地区高温高湿的致病环境；土壤温度方面，改造棚内温度相当，较传统棚略低约0.5℃，进而改善了土壤菌群结构。与传统模式相比，改造棚中的西洋参秋季枯萎期延长5~10天，产量与品质均有一定优势。

同时由于新型遮阴设施提升了棚高，减少了棚内支架数量，提高了支架间距，大大改善了棚内的作业环境，为棚内机械化喷药等作业提供了便利条件。

2018年10月18日的专家对西洋参新型拱棚、新型平棚和传统棚（对照）中的西洋参进行了实地测产验收，结果表明，移栽与2017年春季的西洋参，新型拱棚、新型平棚和传统棚中的西洋参亩产干重分别为177.00千克、167.77千克和162.76千克（以含水量13%折算），且新型棚中的病株率降低68%以上，成品率显著提高。验收专家通过田间考察认为，西洋参新型遮阴棚高效生产技术综合表现优良，对改善西洋参农田生态环境，减少病虫害发生，促进增长，实现西洋参的生态高效生产具有重要意义，在西洋参产区推广前景广阔。

相关成果授权专利3项：一种西洋参种植大棚（ZL 201720859877.5），一种调光防雨遮阴设施（ZL 201920819536.4），一种小型遮阴设施（ZL 201920819387.1）；申报专利1项：一种提高西洋参质量的生产方法（CN 201810474628.3）。

三、推广应用

目前，已在文登、荣成建立了3处西洋参试验示范基地，基地核心示范面积500亩，同时，在西洋参合作社及产业联盟进行推广，辐射带动面积2 600亩。

结合山东省农业厅中药材生产技术培训、文登区国家西洋参生产标准化示范区2019年西洋参标准化生产培训会等培训观摩活动，开展西洋参高效生态栽培及病虫害绿色防控技术讲座，累计培训西洋参种植企业、合作社及大户从业人员600余人次。

以此为基础形成的西洋参土壤改良高产栽培技术于2019年获批为山东省农业主推技术。

完成单位：山东省农业科学院农产品研究所
主要完成人：单成钢，王宪昌，王志芬
通信地址：山东省济南市工业北路202号
联系电话：0531-66659565

西洋参新型遮阴棚测产

专利证书

肉羊屠宰操作规程

一、技术成果水平

该成果针对肉羊屠宰制定了标准化的操作程序，填补了省内肉羊屠宰标准上的空白，弥补了山东省内肉羊屠宰加工无标准、少技术的缺憾，为推动山东省肉羊产业的发展做出了积极的贡献。

二、成果特点

在本规程撰写之前，在国家层面和省内尚没有关于肉羊屠宰加工技术规范的相关标准出台。本标准的起草是基于项目团队大量研究技术成果和实践经验的基础上，总结制定的一套系统系、规范较强的技术文件。

本标准规定了肉羊屠宰过程中的基本要求、宰前管理、屠宰、副产品处理及档案记录等操作规程及要求，本标准适用于山东省境内肉用绵、山羊屠宰加工企业及定点屠宰场（站）[《肉羊屠宰操作规程》（DB37/T 3878—2020）]。

本标准所涉及的主要技术参数内容包括以下几种。

1. 宰前要求

主要规定了静养时间12～24小时，宰前12小时禁食、3小时禁水。

2. 屠宰操作规程

主要包括放血方式的选择，选用了通行的三管齐断方法（伊斯兰屠宰方法）和断颈动脉放血的方法及胴体预冷条件控制等。

三、推广应用

本技术中提出了合理的宰前管理建议来帮助企业降低劣质肉发生率；科学进行冷却成熟能够在降低膻味的同时提高羊肉风味，提高排酸间运行效率5%，并减少1%～2%的冷却损失。该技术目前已在山东德邦食品有限公司、禹城清真食品有限公司、临清润林清真食品有限公司、阳信鑫源清真肉类有限公司、莱芜金三黑食品有限公司等多家企业进行了推广应用。

完成单位：山东省农业科学院农产品研究所
主要完成人：王守经
通信地址：山东省济南市工业北路202号
联系电话：0531-66659860

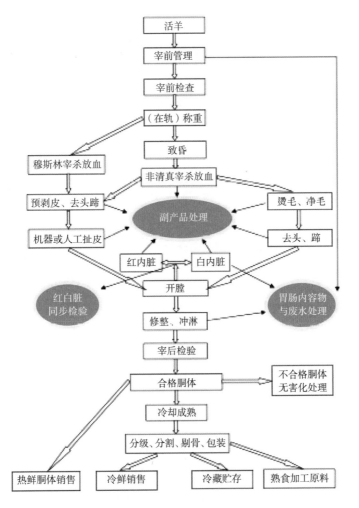

羊屠宰工艺流程图

胴体冷却成熟车间

家禽主要病毒病防控技术

一、技术成果水平

该成果针对危害我国家禽业生产的主要疫病开展了病毒分离鉴定、遗传演化、变异规律、新型疫苗、诊断试剂及综合防控措施等研究，组装集成病原学、免疫学和核酸快速诊断等技术，获得生物制品类国家新兽药二类证书1个，三类证书2个，兽药产品生产批准文号10个，国家发明专利14项，实用新型专利1项，发表论文146篇，其中，SCI收录42篇，软件著作权7项，著作6部，科教片1部，组织技术培训600余场，培训人员18 000余人次。

二、成果特点

开展了新城疫病毒（NDV）、低致病性禽流感病毒（AIV H9N2）和传染性支气管炎病毒（IBV）等病毒分子流行病学调查，阐明了家禽主要病原的分子遗传演化规律，揭示了其抗原变异机制；系统研究了低致病性禽流感病毒致病机理，发现了影响流感病毒复制的宿主限制性因子，为新型抗病毒药物研发奠定了理论基础。

研制出"La Sota株+M41株+AV-127株+S2株"四联灭活苗、"La Sota+M41+KIBV-SD+AV-127株"三联灭活苗和禽脑脊髓炎灭活疫苗，其中三联灭活苗为国内首创，获3个新兽药证书。研发出鸡α干扰素、抗病毒中药等专利产品以及稳定性好、特异性强的呼吸型IBV血凝素抗原和可常温保存的禽流感H9诊断抗原，填补了国内空白；创建了可鉴别NDV和IBV野毒和疫苗毒的核酸检测方法、可鉴别不同亚型AIV和NDV的PCR诊断技术和即时现场诊断禽流感病原的LAMP方法；获国家发明专利14项。完善了以新型疫苗研制和抗体监测为主的免疫预防技术，集成生物安全、药物预防等措施，有效控制了家禽疫病发生，制订了2套技术规范，为家禽疫病的科学防控和生物安全隔离区建设提供了技术支撑。

三、推广应用

项目成果在山东省、北京市、河北省、江苏省等20多个省国内知名企业示范推广，服务规模化养禽场679个，累计家禽数量达30.56亿只，其中，近3年11.28亿只。根据中国农业科学院农业经济与发展研究所对该成果取得的农业科研成果经济效益分析，2012—2018年该项目已获经济效益33.47亿元，未来2年还可产生26.92亿元，累计可达60.39亿元。

完成单位：山东省农业科学院家禽研究所，山东省健牧生物药业有限公司，乾元浩生物股份有限公司郑州生物药厂，山东昊泰科技药业有限公司，莒县桂平养鸡专业合作社

主要完成人：艾武，徐怀英，亓丽红，孔雷，王友令，宋玲玲，刘涛，袁小远，林树乾，等

通信地址：山东省济南市交校路1号

联系电话：0531-85999436

全国农牧渔业丰收奖

证 书

为表彰2016—2018年度全国农牧渔业丰收奖获得者，特颁发此证书。

奖 项 类 别：农业技术推广成果奖

项 目 名 称：家禽主要病毒病防控技术的示范与推广

奖 励 等 级：二等奖

获奖者单位：山东省农业科学院家禽研究所（第1完成单位）

二〇一九年十二月

编号：FCG-2019-2-169-01D

全国农牧渔业丰收奖证书

奶牛主要疫病快速诊断技术

一、技术成果水平

该成果对我国奶牛主要疫病开展了检测鉴定及流行病学调查，检测各类疫病样品5万余份，分离鉴定不同奶牛病毒500余株，细菌2 000余株；研发完善了30余种诊断方法和技术、申报山东省科学技术奖一等奖1项，申报发明专利和实用新型专利10余项，制订山东省地方标准2项，获得软件著作权7项。

二、成果特点

奶牛主要疫病快速诊断的成果，包括快速检测布病、牛结核病、副结核病、牛支原体、牛传染性鼻气管炎、牛病毒性腹泻、牛流热等各类疫病的检测方法30余项，包括ELISA方法、CPA交叉引物检测方法、PCR及Real-time PCR快速检测方法等多项检测技术。通过对全国20多个省近百家牧场开展的疫病检测和相关流行病学调查，分离鉴定奶牛病毒500余株，细菌2 000余株，支原体近百株，并开展基因测序、遗传进化分析，分析变异规律，比较分离株的抗原差异，为整体分析掌握上述病在我国流行趋势以及防控措施的制定提供了科学依据。

此类技术均为原始创新或在原有基础上的跟踪创新。筛选、研发和培育多种牛传染性支气管炎、牛流热、牛病毒性腹泻、牛支原体、沙门氏菌、大肠杆菌、产气荚膜梭菌等奶牛重要疫病的疫苗候选株。其中牛支原体灭活候选疫苗已在动物试验中取得良好效果，准备进一步产品研发。

三、推广应用

利用布病和结核病检测技术，帮助山东奥克斯畜牧种业有限公司取得"两病净化示范场"，通过口蹄疫抗体和各类疾病的检测及流行病学调查，帮助各规模牧场防控口蹄疫和各类传染病的发生，降低死淘率，惠及牛只10万余头，帮助牛场减少损失千万元。

完成单位：山东省农业科学院奶牛研究中心
主要完成人：杨宏军，解晓莉，张亮，杨美，孙阳阳，张云飞，任亚初，刘来兴，何洪彬
通信地址：山东省济南市工业北路202号
联系电话：13791025440

高端特色乳蛋白奶牛选育技术

一、技术成果水平

该成果研发了基于系谱信息简化选育高端特色乳蛋白A2-β酪蛋白纯合基因型奶牛的育种方法，获得2项发明专利，Breeding Method for Simplifying Selection of High-yield A2A2 Homozygous Genotype Dairy Cows Based on Pedigree Data（LU101241），一种基于系谱信息简化选择高生产性能A2A2纯合型奶牛的育种方法（ZL 20810124921.7）。

二、成果特点

牛奶中的蛋白是构成牛奶品质的主要物质基础，其中以酪蛋白和乳清蛋白为主。而酪蛋白约占牛奶蛋白的80%，包括alpha s1、alpha s2、beta、kappa 4种类型，而beta（β）酪蛋白约占蛋白总量的30%，又分为A1、A2、A3等共13种型。其中A2型β酪蛋白对人体健康更为有利，市场已有相关产品，售价是常规牛奶的2倍以上。通过检测β-酪蛋白基因型，可筛选出A2型个体，但该方法工作量大，尤其是无法统筹兼顾高产性能奶牛的筛选。

通过分子生物学方法鉴定基因型已经不是技术问题，而是是否能实际应用到实践中。奶牛的生产能力不仅决定于产奶量，还与乳脂率、乳蛋白率、体细胞评分等生产性状有关，只选择乳蛋白基因型，可能会降低生产性能。本技术的创新点在于构建了包含了β-酪蛋白基因的高产奶牛选择指数，只要提供个体的系谱信息和生产性能表型记录即可快速选择出A2-β酪蛋白纯合基因型高产特色奶牛个体。

该技术为在原有基础上的跟踪创新。通过分析国际注册且已鉴定β-酪蛋白基因型的3 881头种公牛遗传信息，发现β-酪蛋白基因型对奶牛产奶量、乳脂率、乳蛋白率等性状有显著性影响，进而结合系谱信息构建高生产性能-A2-β酪蛋白牛选择指数公式，进而采集部分牛只血样，利用分子生物学方法验证应用选择指数公式选择A2-β酪蛋白牛只的准确性。

三、推广应用

高端特色乳蛋白奶牛选育技术在宁波一奶牛场应用，筛选1 500头奶牛，选择出牛只620头，创造社会、经济效益约500万元。

完成单位：山东省农业科学院奶牛研究中心

主要完成人：李建斌，王秀革，魏丽军，等
通信地址：山东省济南市工业北路202号
联系电话：李建斌 18678659769

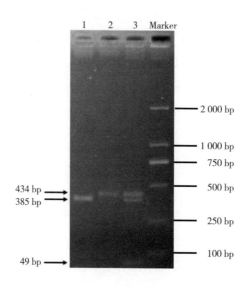

分子生物学检测验证图

A2纯合型种公牛

枣庄黑盖猪遗传多样性及遗传结构分析技术

一、技术成果水平

该技术针对枣庄黑盖猪受外种猪影响，其遗传多样性和群体结构不明的问题，利用覆盖基因组范围的SNP标记在全基因组层面上对枣庄黑盖猪种进行研究、深刻揭示其群体遗传结构，特别是与引进猪种的亲缘关系。以该技术为基础，对枣庄黑盖猪的进行选育、提纯和复壮，枣庄黑盖猪通过了国家畜禽遗传资源委员会审定。

二、成果特点

本技术针对枣庄黑盖猪核心群体，采用SNP芯片在全基因组范围内检测遗传变异（SNP），应用全基因组范围内的遗传标记，分析群体的遗传多样性和遗传结构，以期深入揭示黑盖猪与引进猪种之间的遗传关系，进而为该品种的保护、分子育种和杂交利用提供理论依据。分析结果表明，枣庄黑盖猪群体内多样性各项指标均较高，群体内遗传多样性丰富。枣庄黑盖猪与5个引进猪种存在大的遗传分化，枣庄黑盖猪与巴克夏猪群体遗传距离和净遗传距离最大，与长白猪的遗传距离和净遗传距离最小。群体结构分析表明，枣庄黑盖猪在系统发生树上单独聚类成一个分支，特征性亚群在群体中所占比例为0.826，故枣庄黑盖猪具有自己独特的遗传特征，是一个受引进猪影响较小的地方猪群体。

今后选育中，建议利用分子标记分析结果，进一步进行选优提纯，剔除部分可能与引进猪群体混杂的个体，进一步提高本品种特征。本研究团队根据黑盖猪遗传结构分析结果，指导枣庄黑盖猪进行进一步选优提纯，为枣庄黑盖猪遗传资源的申报打下良好基础。

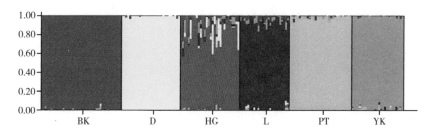

枣庄黑盖猪及5个引进猪种STRUCTURE群体结构

三、推广应用

该技术在用于枣庄黑盖猪核心群的选育、提纯和复壮。累计推广利用枣庄黑盖猪5.59万头，创造经济效益1 000多万元。

完成单位：山东省农业科学院畜牧兽医研究所
主要完成人：王继英，王彦平，赵雪艳，王诚
通信地址：山东省济南市桑园路8号
联系电话：15910102585

枣庄黑盖猪

奶牛β-酪蛋白不同变体型的蛋白检测方法

一、技术成果水平

建立了一种用于检测奶牛β-酪蛋白不同变体型的蛋白检测方法，建立一种奶牛A2型β-酪蛋白基因检测技术规程。获得发明专利2项，制订地方标准2项［《奶牛A2型β-酪蛋白基因检测技术规程》（DB37/T 3570—2019）、《牛奶中A2型β-酪蛋白（A2奶）检测技术规程》（DB37/T 3572—2019）］。为南京卫岗乳业、大同四方高科、德州东君乳业共检测奶牛1万余头，建立A2奶牛专属牧场3处。

二、成果特点

鲜牛奶中beta酪蛋白（β-酪蛋白）约占蛋白质总量的30%，是氨基酸的重要来源。β-酪蛋白中含有209个氨基酸，而它至少含有13种不同的氨基酸组成，研究报道β-酪蛋白有A1、A2、A3、B、H1、I等遗传变体型。其中，β-酪蛋白纯合A2型奶牛生产的奶被称为A2奶。近些年，国内外研究证明A1、B和C等变体型β-酪蛋白是引起人喝牛奶后腹痛、拉肚子等症状的又一重要原因。通过蛋白氨基酸序列分析，发现其区别主要在于β-酪蛋白基因发生了一个碱基变化，从而导致相应位置氨基酸由脯氨酸变成组氨酸。由于该氨基酸的变化，导致牛奶在消化过程中消化酶可在其组氨酸处特异性水解，产生一种由7个氨基酸组成的肽段，被称为β-酪啡肽（BCM-7）。而A2和A3等变体型β-酪蛋白此处氨基酸为脯氨酸，不能够被相关酶特异性水解，因此不能够形成BCM-7。课题组通过蛋白氨基酸序列分析，对待测牛群进行筛选，鉴定A2基因纯合子奶牛，建立A2奶牛专属牧场。目前，A2奶售价是普通牛奶的2~3倍，具有广阔的市场前景和良好的经济效益。

三、推广应用

为南京卫岗乳业、大同四方高科、德州东君乳业、深圳晨光乳业检测奶牛1万余头，建立A2性专属牧场3处。年增经济效益超过5 000万元。

完成单位：山东省农业科学院奶牛研究中心
主要完成人：黄金明，王秀革，鞠志花，姜强
通信地址：山东省济南市工业北路202号
联系电话：13605410273

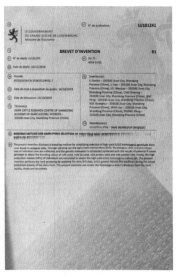

授权专利

ICS 65.020.01
B 40

DB37

山 东 省 地 方 标 准

DB 37/T 3570—2019

奶牛 A2 型 β–酪蛋白基因检测技术规程

Code of practice for detection of A2 type of β-casein gene in dairy cattle

2019 - 05 - 29 发布　　　　　　　2019 - 06 - 29 实施

山东省市场监督管理局　　发布

ICS 65.020.01
B 40

DB37

山 东 省 地 方 标 准

DB 37/T 3572—2019

牛乳中 A2 型 β–酪蛋白（A2 奶）
检测技术规程

Code of practice for detection of A2 type of β-casein (A2 milk) in cow's milk

2019 - 05 - 29 发布　　　　　　　2019 - 06 - 29 实施

山东省市场监督管理局　　发布

制订地方标准

莲藕—小龙虾共养技术

一、技术成果水平

莲藕—小龙虾共养技术2019年入选山东省农业科学院"首届支撑乡村振兴最具潜力技术"称号。该技术操作规程作为山东省地方标准已于2019年由山东省市场监督管理局向社会发布〔《莲藕—克氏原螯虾（小龙虾）生态共养生产技术规程》（DB37/T 3764—2019）〕。

二、成果特点

莲藕与小龙虾共养技术集成了共养池建设、莲藕种植、种虾（苗）投放、生产管理、莲藕采收及小龙虾捕捞等关键环节技术参数，可以有效提高莲藕与小龙虾共养实践的成功率。该技术可以实现一地双收、一水两用，同时，降低藕田病害、减少藕田杂草，具有资源利用效率高、产品品质优、环境友好的优点。该技术提高综合经济效益显著。2018年在山东曹县实地测产和考察，按雇用人工挖藕计，莲藕单作亩经济效益为1 526元，藕虾共养亩经济效益为4 928元，后者较前者增加3 402元，增幅为2.23倍，可提高莲藕抗病性，减少藕田杂草危害。2016—2018年在东营大田试验表明，该技术可以有效抑制莲藕腐败病；在菏泽、济宁等地试验表明，可以有效减少藕田水绵和浮萍危害。

三、推广应用

该技术已在济宁、菏泽、东营、济南等地应用，2017—2019年平均每年应用面积在3万亩左右。按平均亩产莲藕1 500千克、小龙虾120千克计算，较莲藕单作每亩平均增收1 800元左右，增收幅度在60%左右，近3年累计增收5 400万元。

完成单位：山东省水稻研究所
主要完成人：李效尊，吴修，尹静静，阴筱，吴小宾，徐国鑫，律文堂
通信地址：山东省济南市桑园路2号
联系电话：0531-66659363

DNA提取及PCR检测试剂盒研发

一、技术成果水平

针对不同作物特点，研发了不同类型的植物DNA提取试剂盒，增强了PCR反应的特异性，获得国际发明专利 项。

二、成果特点

转基因检测中，PCR反应最常见的问题是非特异性带多，影响结果的判断，尤其是在检测多成分混合样品时及多糖多酚类植物样品时，更容易干扰结果的判断。造成这种现象的主要原因是提取的DNA中含有抑制PCR扩增的物质，以及PCR反应效率不高等。针对这些问题，本研究搜集各类植物进行试验，研发了一步法多糖多酚植物DNA提取试剂盒、PCR专用植物DNA提取试剂盒，并对PCR反应体系进行优化，抑制非特异性反应发生，提高PCR反应的特异性，达到6倍的高保真，具有超高的稳定性，适合大规模基因检测。

三、推广应用

试剂盒在农业农村部农作物生态环境安全监督检验测试中心（济南）及其他相关检测中心进行应用，能够大大提高检测工作的准确度及稳定性，提高工作效率。

完成单位：山东省农业科学院植物保护研究所

主要完成人：路兴波，孙红炜，李凡，徐晓辉，杨淑珂

通信地址：山东省济南市工业北路202号

联系电话：13589099839

专利证书

植物新品种测试近似品种筛选技术

一、技术成果水平

该成果构建了我国/黄淮海地区小麦、玉米、水稻、大豆、棉花、花生、大白菜、萝卜等作物已知品种表型性状和DNA指纹数据库，分别研发了基于表型性状和遗传距离的近似品种筛选技术，提高了植物新品种测试近似品种筛选的精准性和效率，达到了国际先进水平。获得国家发明专利6项，计算机软件著作权3项，制订国家标准3项。

二、成果特点

近似品种筛选是特异性测试的重点和难点。传统近似品种筛选方法主要通过分组性状进行。随着植物已知品种数量不断增多，传统近似品种筛选方法精准性差、效率低的问题越发突出。本成果分别开发了基于表型性状和基于遗传距离的近似品种筛选技术，较好解决了上述近似品种筛选问题。

在基于表型性状的近似品种筛选技术方面，制订了部分作物的DUS测试技术标准，构建了我国/黄淮海地区小麦、玉米、水稻、大豆、棉花、花生、大白菜、萝卜等作物已知品种表型性状数据库，探明了不同作物不同测试性状表达状态值的稳定性，制订了不同作物不同性状表达状态值的波动范围表，开发了近似品种筛选数据库软件，筛选出的近似品种数量减少50%以上，尤其适用于已知品种数量较少作物的近似品种筛选。

在基于遗传距离的近似品种筛选技术方面，分别确定了适合小麦、玉米、大豆、棉花、花生、大白菜、萝卜等作物品种鉴别的SSR引物，制订了基于SSR标记的DNA指纹采集技术规程，采集了上述作物已知品种DNA指纹数据，构建了已知品种DNA指纹数据库。各种作物建库SSR标记的数量分别是：小麦42个，玉米30个，大豆30个，棉花31个，花生25个，大白菜30个，萝卜20个。通过对不同作物遗传距离和表型表型距离关系的研究，进一步确定上述作物近似品种筛选的安全分子距离阈值。与传统方法相比，该近似品种筛选技术精准性高，筛选速度快，大幅降低了新品种测试的成本。其中，基于遗传距离的小麦、大豆、棉花、花生、大白菜、萝卜近似品种筛选技术为国际首次应用。

三、推广应用

基于表型性状的近似品种筛选技术已在黄淮海地区作物新品种测试中应用。基于遗传距离的近似品种筛选技术除应用于黄淮海地区各省植物新品种测试外，还在黑龙江、河北、陕西、山西、湖北、四川、内蒙古、新疆等省（区）应用。2017—2019年，已利用该技术完成了小麦等作物4 000余份申请品种的近似品种筛选，社会、经济效益显著。

完成单位：山东省农业科学院作物研究所
主要完成人：李汝玉，张晗，孙加梅，郑永胜，王穆穆，王晖
通信地址：山东省济南市工业北路202号
联系电话：0531-66658713

知识产权证书与参与制订的国家标准

基于SNP的菜豆品种鉴定技术

一、技术成果水平

利用SNP分子标记技术成功对200个国内外菜豆品种进行品种真实性和纯度鉴定，该成果达到了国内先进水平，并通过国家发明专利申请，在省级核心期刊发表论文1篇。

二、成果特点

传统的品种鉴定技术主要依靠田间小区种植鉴定，费时费力成本高，受环境影响也会产生很大偏差，电泳技术存在多态性少、灵敏度低、误差大等缺点，SNP与SSR相比，SNP在基因组中密度更高，分布更均匀，更高通量，更容易实现数据整合比较，在数据库构建方面更有优势。以200份菜豆品种为研究对象，采用IIB-RAD技术（基于IIB型限制性核酸内切酶简化基因），利用标准型5'-NNN-3'接头与酶切标签连接，文库质控合格后在Illumina Hiseq Xten平台进行双端测序，筛选出适合鉴别200份菜豆品种所需最少的SNP位点组合。该技术主要包括以下步骤。

第一步　从200份菜豆中提取基因组DNA，利用IIB-RAD技术构建菜豆的测序文库，获得原始数据。

第二步　采用RADtyping软件利用最大似然法进行分型。通过有条件的过滤共获得25 561个SNP位点。

第三步　使用Haploview 4.2进行统计分析，将得到的25 561个SNP位点挑选SNP标签，获得鉴定菜豆所用的最少SNP位点组合，即核心SNP位点47个。

第四步　将47个SNP位点的碱基按染色体顺序从左到右、从上到下顺序连接起来，得到200个不同的序列，建立信息数据库。

第五步　通过treebest软件（Version：1.9.2）计算距离矩阵，构建聚类分析进化树。该成果实现了47个核心SNP位点区分200个菜豆品种。

三、推广应用

该项技术不仅用在农作物品种鉴定方面，对于种质资源鉴别、品种知识产权保护等也有较好的应用前景，可以有效防止假冒伪劣种子流入市场，保障农民合法权益，具有较好的社会效益，同时，也为研发其他主要农作物高通量品种鉴定技术提供技术支撑。

完成单位：山东省农作物种质资源中心
主要完成人：颜廷进，李群，田茜，戴双，张文兰
通信地址：山东省济南市工业北路202号
联系电话：0531-66659257

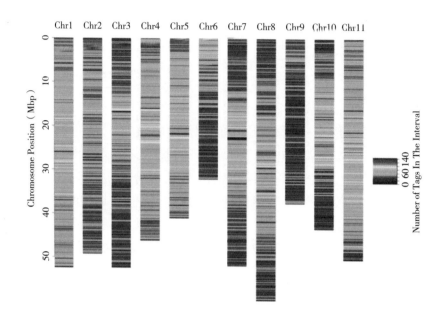

SNP在染色体上的分布图

邻接法构建200个菜豆品种的系统进化树

Varms互联网新型采样系统

一、技术成果水平

开发App：Varms采样系统，相关专利正在申请中。

二、成果特点

开发手机终端采样App，定制带有二维码的采样管，与全省40多家重点养殖企业建立密切合作，经过培训山东省内大型养殖企业的实验人员熟练掌握规范的菌株收集方法和采样App使用，建立选择最佳途径进行快速低成本采样模式。采样App使用方法和流程：在Varms采样系统中建立一个采样项目，信息发送至相关企业，并将采样管通过物流寄往采样地点。企业收到采样管后，扫描二维码登录采样界面，根据提示填写具体样品信息，采集完毕后通过物流寄回Varms管理中心，扫描采样管二维码入库。收到样品后，根据样品来源、种类和采集目的进行细菌分离纯化，包括大肠杆菌、沙门氏菌、金黄色葡萄球菌等，并与采样编号相互关联，纯化鉴定后录入菌种库进行保藏。

三、推广应用

该成果在山东省内40多家大型养殖企业进行了示范应用，通过App的使用及对样品采集检测，保证了样品的真实性。提高工作效率15%以上。

完成单位：山东省农业科学院畜牧兽医研究所
主要完成人：刘玉庆
通信地址：山东省济南市工业北路202号
联系电话：15253178966

ARG-typing耐药基因数据库

一、技术成果水平

ARG-typing耐药基因数据库主要用于农产品、畜禽产品中致病菌耐药基因的鉴定和评估，可以一次性完成致病菌基因组测序质量评估、序列片段拼接组装、质控、注释、物种鉴定、耐药基因识别比对、毒力基因识别等工作，目前，还未见到能同时完成上述工作的同类型耐药基因数据库，本数据库可以填补国内空白。

二、成果特点

ARG-typing耐药基因数据库，基于模块化的软件设计模式，包含了原始数据质量评估、质量控制、基因组组装、基因预测、物种分类以及耐药基因鉴定和分类等主要功能模块，编写和集成辅助执行代码，代码行数超过8 000行。数据库整合目前国际最先进的AMRFinder、ARDB、CAR、NDARO、ResFinder等开源数据库和公开资料文献中的23 000余条耐药基因信息，经过冗余和比对分析，最终确定和集成了7 380条耐药基因序列信息。数据库基因信息包含了物种来源、序列信息、序列长度、抗性信息以及具有相同序列信息的其他标识符等序列的基础信息，数据库还可以增量式添加工作中发现耐药基因信息，提供全面的耐药信息。

知识产权证书

ARG-typing耐药基因数据库还集成了众多国际先进的基因组数据分析工具，提供了简洁的命令行接口，通过配置文件可灵活修改参数。软件可以接收最原始的基因组测序数据，支持fastq格式。通过Trimmomatic完成对原始数据的质量控制，根据kmer自动化估计基因组测序覆盖深度和基因组大小，提供SPADes最优参数配置（SPADes为当前细菌基因组，环境样本宏基因组组装的金标准）完成基因组的组装，通过组合策略完成基因组的基因组元件的挖掘，包括蛋白质编码基因、tRNA基因、rRNA基因等。对于未知菌种基因组，ARG-typing提供了基于kmer指纹的菌种识别功能，通过10 000多个菌株库信息识别鉴定菌株分类信息，有利于发现新的菌株。ARG-typing耐药基因数据库的核心组件为耐药基因鉴定，可以快速、高效对细菌基因组进行注释，深度挖掘细菌基因组的抗性基因，提供了耐药基因鉴定的一站式解决方案。

三、推广应用

该成果已在国家农产品质量安全风险评估专项《即食生鲜果蔬病原微生物污染调查与产品安全性评估（GJFP2019005）》和《生乳中潜在有害微生物耐药性风险评估（GJFP2019027）》项目中进行了示范应用。

完成单位：山东省农业科学院农业质量标准与检测技术研究所
主要完成人：张树秋，王文博，郭栋梁
通信地址：山东省济南市工业北路202号
联系电话：0531-66655365

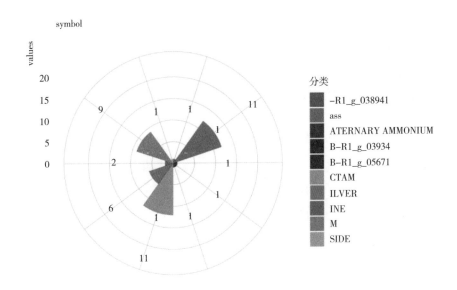

耐药基因分类汇总图

掌上花园——智慧草莓微景观系统

一、技术成果水平

掌上花园——智慧草莓微景观系统产品整体技术水平达到国内先进水平。该成果已获得专利2项，授权软件著作权2项。

二、成果特点

掌上花园——智慧草莓微景观系统，由智慧型草莓栽培柜和手机App系统两部分组成，草莓栽培柜系统运行时自动连接家庭局域网，栽培环境参数和植物图像通过网络实时传输到用户手机App上，用户可随时随地通过手机App管理草莓栽培。该产品实现了在城市家庭草莓种植的智能化，让城市居民在草莓种植和采摘的过程中体验生活乐趣、为孩子进行科普教育。

该成果紧密结合草莓生长习性，采用物联网技术、3S技术与计算机技术、通信技术相结合，对空间信息进行采集、处理、管理、分析，应用先进的"模块化设计技术"手段进行研究开发，通过产品优化设计、工艺设计改进、硬件技术集成、示范推广，最终形成产业化。该成果为自主创新研发成果，创新点主要包括以下几个方面。

一是通过设计改进，将温度、湿度、CO_2浓度等多个传感器设备集成在一块主板上，不需要安装复杂的硬件采集设备。

二是将补光设备、加湿设备设计为低功率设备，利用USB进行通电，降低功耗。

三是利用无线传输技术，使设备采集的数据传输到云端服务器，用户可以通过手机App实时监测温度、湿度、光照、CO_2浓度等参数，控制喷淋、补光灯设备对生长环境进行实时调节。

四是手机App端设计开放，用户可在线提问，交流种植经验。

三、推广应用

该成果在第18届中国（济南）草莓文化旅游节暨首届亚洲草莓产业研讨会上进行展示，受到广泛关注。该成果在济南市历城区部分草莓种植企业进行了示范应用。

完成单位：山东省农业可持续发展研究所
主要完成人：姚慧敏，袁奎明，赵旭，王祥峰，杨洁

通信地址：山东省济南市工业北路202号

联系电话：0531-66659890

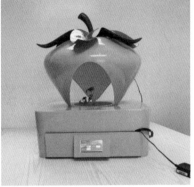

智慧草莓微景观系统　　　　　　　　　手机App系统

知识产权证书

三大作物高通量分子标记检测体系的构建和应用

一、技术成果水平

该成果针对小麦、玉米和水稻三大作物主要病害和品质育种需求，收集、筛选和验证有效分子标记和相关种质资源，构建了5个高通量分子标记鉴定体系，显著降低了检测成本、提高了检测效率，可以为育种单位提供精确的分子检测技术支持；共获得知识产权10项，其中，发明专利1项、实用新型专利2项，计算机软件著作权7项。

二、成果特点

作物分子育种服务平台以提高分子标记检测效率、降低检测成本、加快育种进程为目标，构建的三大作物高通量分子标记检测体系的成果包括：玉米数字化精准育种技术、小麦抗赤霉病、小麦高分子量麦谷蛋白优质亚基、水稻抗稻瘟病和优良食味稻米三大作物的5个分子标记高通量检测体系。技术体系的构建包括3个步骤。

第一步 利用数据库收集最新报道的，与抗病、品质和产量等重要性状关联的分子标记。

第二步 收集相关种质资源验证标记有效性。

第三步 基于ABI 3730XL DNA分析仪，构建多重多色高通量分子标记检测体系。技术体系不仅大大提高了检测效率和准确率，还为大规模样本筛选和精准鉴定提供了技术支持，筛选出一批优良亲本资源，为培育优质、高产、高抗的优良品种奠定了基础。

相关技术成果分别获得2017年度山东省农业科学院科技进步奖一等奖和2018年度山东省农业科学院技术发明奖二等奖。

三、推广应用

三大作物5个高通量分子标记检测体系的年检测通量达到200万次。其中，在玉米数字化精准育种技术体系研发和应用过程中，与甘肃敦煌种业、新疆九圣禾种业、山东金海种业等国内大型种子企业共建产业化技术联盟，指导育成国审玉米品种'鲁单888''豫禾516'和省审品种'先行1658''浚单1538'等；利用优良食味稻米分型检测技术，在圣稻19/JS11育种群体筛选出直穗型软米品种圣稻3466。目前，已与江苏神州种业有限公司达成品种权转让意向。

完成单位：山东省农业科学院生物技术研究中心

主要完成人：杨连群，张全芳，步迅，范阳阳，鲁守平，郭庆法，刘国霞，等

通信地址：山东省济南市工业北路202号

联系电话：0531-66659499

获授权专利

构建高通量分子标记检测体系

动植物DNA分子鉴定和溯源技术

一、技术成果水平

动植物DNA分子鉴定和溯源技术填补了国内相关领域的空白，该成果已获得发明专利6项，形成农业行业标准3项、山东省地方标准3项、团体标准1项；获得第三届山东省专利奖二等奖和山东省农业科学院科技进步奖一等奖。

二、成果特点

动植物DNA分子鉴定和溯源技术克服了传统检测方法主观性强、准确性差、无法解决部分掺伪的弊端，利用测序技术、荧光定量PCR技术等分子技术进行动植物及其产品源性的DNA分子鉴定，此方法具有特异性高、灵敏度高、通量大、速度快、成本低的优点，其中的专利技术之一"鉴别阿胶中多种动物源性的引物探针组合物、试剂盒及多重实时荧光定量PCR检测方法"属国内首创技术，已在企业推广运行超过5年。

三、推广应用

1. 企业合作方面

创新团队与山东东阿国胶堂药业有限公司共建"胶类中药源性DNA分子鉴定实验室"，为国胶堂阿胶药业有限公司建立了"阿胶全过程DNA质控体系"，制订了"DNA全检"的企业内控标准，实现了"阿胶DNA身份证批次间质量一致性"，为企业产品质量的稳定性做了重要的科技支撑，提升了企业品牌影响力，收益倍增，2019年，山东省农业科学院博士工作站在山东东阿国胶堂建立。为济南宏济堂集团阿胶制品公司进行原料驴皮的驴骡马DNA的委托性检测；并帮助其建立了"阿胶DNA分子鉴定实验室"，为其提供检测试剂盒，供其实验室自检运转。接受北京同仁堂阿胶样本的委托性检验，已累计检测样品6万余份，有效遏制了供应商和其他原料来源中假冒驴皮的供给和流入，企业送检样本和自检费用也逐步减少，企业成本大大下降，企业产品质量逐步提升。与山东东阿国胶堂、山东宏济堂、济华中医馆、山东建联盛嘉中药有限公司、山东百味堂中药饮片有限公司共建"中药DNA溯源技术应用实验室"。3年来累计获得横向经费300余万元。

2. 高校及政府部门合作方面

2019年，创新团队与山东中医药大学等15家单位联合申报"中药质量控制与全产业链建设协同创新中心"。与山东省食品药品检验研究院共建"中药源性分子鉴定技术研究中心""中药DNA溯源技术应用实验室"及"国家药品监督管理局胶类产品质量控制重点实验室"。

完成单位：山东省农业科学院生物技术研究中心

主要完成人：张全芳，步迅，胡悦，范阳阳，刘艳艳，杨雪，谭晴晴，刘国霞，陈雪燕，岳鸣鸣

通信地址：山东省济南市工业北路202号

联系电话：0531-66659499

专利证书

参与制订的行业标准

气力式高速精量排种技术

一、技术成果水平

气力式玉米高速精量排种技术已获得发明专利2项，以专利实施许可形式，实现成果转化，转化合同金额180万元。项目研发的智能电驱排肥排种器排量一致性高，经专家组鉴定为国际先进水平，为我国高速精播装备核心部件自给奠定了基础。

二、成果特点

该成果突破了"扰动高效充种""双侧浮动清种""柔性密封润滑"等多项核心技术，样机产品在高速作业的条件下排种精确性与工作稳定性达到或超过进口水平。研发的V-EMM型气吸高速精密排种器，配合智能电驱与监控技术，在田间试验验证作业速度12千米/小时时，相应粒距合格指数高达97%。与多个进口品牌在2个不同作业速度下台架试验排种准确性参数对比如下表所示。

表 不同品牌在2个不同作业速度下台架试验排种准确性参数对比

前进速度（千米/小时）	国内仿制产品（%）	进口产品（%）	国际先进产品（%）	团队研发产品（%）
8	93.92	95.03	99.56	99.42
14	85.61	92.37	99.06	99.09

数据结果表明，性能参数达到或超过进口产品水平，量产后产品可替代进口，实现高速精密排种器的完全自给。

该成果将技术路线定位至国际主流的高科技产品水平，立足实现"弯道超车"，力争将播种机核心部件的性能直接提升至接近国际先进水平。突破了高速精密排种的核心技术在欧美农机巨头中的技术垄断，国内用户使用成本和维护成本可大幅降低，改变目前国内企业多采用购买进口部件或个别企业仿制手段生产的状态。

三、推广应用

该成果在雷沃重工等企业进行了试验测试，通过了技术购买方的技术考核，目前进入产品开发阶段。2020年上半年完成样机量产及性能验证后进入雷沃等农机具生产企业推广，首年产量预计超过5 000台，企业创造产值超过300万元。

完成单位：山东省农业机械科学研究院
主要完成人：史嵩，周纪磊，荐世春，刘虎
通信地址：山东省济南市桑园路19号
联系电话：0531-88617508

智能电驱高速精密排种器
样机效果图

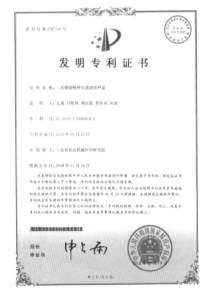

配套智能电驱高速精密排种器及排肥器的试验样机

授权发明专利证书

精草铵膦清洁生产工艺

一、技术成果水平

该精草铵膦清洁生产工艺为国内首创，综合技术水平国际先进，获得2项国家发明专利，并已向1家农药生产企业转让技术。

二、成果特点

精草铵膦是普通草铵膦（DL-型）中的活性成分L-型，是广谱灭生性除草剂，属于绿色手性农药，具有高效低毒、易降解、使用安全方便等优点，但其合成难度较大，未能在农业生产上推广应用。

目前草铵膦主要以消旋体（DL-型）的形式进行生产及销售，草铵膦（DL-型）是世界第二大转基因作物耐受除草剂和第三大灭生性除草剂，目前国内产能超过2万吨/年。在草铵膦（DL-型）中活性成分精草铵膦（L-型）只占50%，其生产主要采用高污染、高耗能的路线，工艺中有50%的原材料不可避免地用于生产D-型无效体，造成了原材料浪费；田间施用时，D-型无效体的存在，也易造成土壤污染。高效体精草铵膦（L-型）的清洁生产工艺能很好解决上述问题，本技术以价廉易得的天然氨基酸为起始原料，导入手性碳源定向合成精草铵膦，工艺反应简捷、成本低、三废少，原粉含量97%、ee值98%，均高于国内外现有工艺指标。

三、推广应用

该成果现已成功转让至潍坊新绿化工有限公司，2020年一期建设1 500吨/年精草铵膦装置，2022年二期建设15 000吨/年生产装置。

完成单位：山东省农药科学研究院
主要完成人：柴洪伟，董文凯，解银萍
通信地址：山东省济南市北园大街234号
联系电话：18605317729

获得专利证书

高效昆虫性信息素产品开发及应用技术

一、技术成果水平

昆虫性信息素产品及应用技术达到国内先进水平，该成果已获得发明专利2项，亚洲玉米螟性诱剂诱捕效果经山东省农业重大应用技术创新项目验收。

二、成果特点

昆虫性信息素是昆虫同种个体间传递信息的化学物质，只针对靶标生物而对其他生物基本无影响，是一种低毒、高效、专一性强、灵敏度高、对环境友好的"绿色农药"。通过昆虫性信息素监测虫情发生状况，指导农业生产；诱捕诱杀成虫；迷向成虫，持续压低虫口密度，减少甚至不使用化学农药。该成果开发了成本低廉的原药制备工艺及应用配方技术，适合多种作物及不同应用产品需求。主要包括以下产品。

一是成本低、工序少的原药高效制备工艺，原药成本控制在3 000元/千克以下。

二是目前已开发梨小食心虫、苹果蠹蛾、大豆食心虫、亚洲玉米螟、桃蛀螟等昆虫性信息素产品，药效高于或持平现有市场产品，其中，亚洲玉米螟性信息素药效为市场主流产品4倍以上，在虫量低时，能第一时间诱捕到成虫，更具灵敏性，并且对市场主流产品药效发挥具有压制效果。

三是针对田间监测、诱杀、迷向技术等不同应用目标开发了差异化的配方产品。

三、推广应用

该成果在济南、德州、泰安等地的农业园区和基地进行了药效示范应用，验证了药效的真实性及高效性。

完成单位：山东省农药科学研究院
主要完成人：江忠萍，张作山

亚洲玉米螟诱捕药效

通信地址：山东省济南市北园大街234号
联系电话：15589979682

专利证书

盐地碱蓬中甜菜红素与生物盐的一体化提取方法

一、技术成果水平

该成果已申报发明专利1项。

二、成果特点

盐地碱蓬又名翅碱蓬，是一种典型的盐碱地指示植物，广泛分布于我国的东北、内蒙古及河北、山东、江苏等沿海省（区）。生长在滨海潮间带和洼地的盐地碱蓬在整个生长季节地上部分都呈紫红色，植株体内含有大量的氯化钠、氯化钾、钙、镁离子及甜菜红素，是提取生物盐与甜菜红素的理想原料。甜菜红素是一种水溶性天然植物色素，具有较强的抗氧化生物性，并有抗癌、抗病毒、降血脂等功能，广泛应用于食品、医药、化妆品等领域。生物盐是从植物有机体内提取的一种富含多种矿物质和微量元素，并对人体健康有一定促进作用的新型食用盐。山东省蚕业研究所农业科技创新团队已开展相关盐地碱的选育与栽培研究。该成果主要有以下技术特点。

一是根据盐分与甜菜红素极易溶于水的特点，将新鲜碱蓬打浆或将冷冻干燥的碱蓬经粉碎后以纯净水浸泡提取，提取过程中不需要酶解及其他加工助剂，提取时间短，提取效率高，同时，简化了制备工艺。

二是用大孔树脂吸附色素后先以纯净水进行冲洗，冲洗净树脂间的盐分并收集至盐液中，再以乙醇溶液洗脱，所得甜菜红素产品中无盐分残留，纯度更高；同时，采用"水提—水洗—醇脱"方式，水提法去除了大量脂溶性成分，醇脱洗脱效率高、对甜菜红素的专一性强，水洗去除了树脂间隙残留提取液中的盐分，防止醇脱时混入色素洗脱液中，提高了甜菜红素纯度，并且全程不使用有毒有害溶剂，所以产品中没有有毒有害溶剂残留。

三是本发明通过灰化去除了粗生物盐中的所有有机杂质，得到以氯化钠、氯化钾为主要成分同时含有钙、镁离子的低钠生物盐。所得的产物中均未检出重金属例子，制得的生物盐符合国家轻工业标准QB 2019—2005。

三、推广应用

已与山东省内相关实业企业就甜菜红素与生物盐进行了示范与应用。

完成单位：山东省蚕业研究所
主要完成人：范作卿，郭洪恩

通信地址：山东省烟台市只楚北路21号

联系电话：0535-6531062

甜菜红素

生物盐

第四部分　新产品

山东省重要湿地数据库系统建设与应用

一、技术成果水平

该成果主要实现了海量湿地生态环境监测数据的高效管理、合理存储、快速分析、数据共享等功能，提供了方便快捷、智慧化的服务。获得软件著作权10项，获山东省自然资源科学技术奖二等奖1项。

二、成果特点

山东省重要湿地数据库系统建设与应用针对获取的湿地定位监测数据、遥感影像、地理底图、矢量数据、图形资料、文字资料及试验数据等多尺度、多维性、异构性、海量性等复杂多样性特点，按照实用性、先进性、标准化、可视化、集成化可维护性、可扩展性、安全性的原则，设计了山东省重要湿地数据库系统总体结构，包括数据库管理与维护子系统、山东省湿地专题数据库和山东省湿地科普数据库Web子系统三部分（系统总体结构图），这三个子系统针对不同用户设立，其中，数据库管理与维护子系统针对专业人员和系统管理人员，山东省湿地专题数据库针对湿地专业人员和一般用户，山东省湿地科普数据库Web子系统（http：//221.214.8.82：8084/index.aspx）针对政府公众和企事业单位。数据库系统建设采用新一代面向服务的悬浮倒挂式体系架构的ARCGIS 10.2作为基础平台，结合数据库技术、电子沙盘可视化技术、模型数学分析评价技术等关键技术，实现多源、异构、海量湿地数据的高效管理、规范存储与发布，成果以二维专题图表与湿地数据的定量计算分析和三维动态显示相结合。该数据库系统可提供高效的数据存储管理方式、可视化的数据分析工具、方便的资料查询浏览和资料管理模式，为改变湿地的传统管理模式、普及湿地知识、宣传湿地文化、提高社会公众湿地保护意识提供了有效途径。

三、推广应用

该成果以提供公益性服务为主，面向山东省湿地管理等相关部门，提供了决策服务功能；面向相关科研人员，提供了数据共享服务功能；面向公众，提供了科普服务功能。

完成单位：山东省农业可持续发展研究所，山东省农业科学院家禽研究所

主要完成人：杨丽萍，侯学会，李新华，董红云，朱振林，张燕，张锡金，王素娟

通信地址：山东省济南市工业北路202号创新大楼1625室

联系电话：0531-66659068

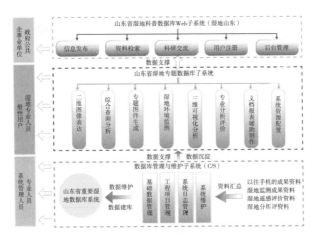

山东省重要湿地数据库系统总体架构图

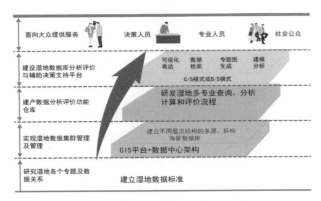

山东省重要湿地数据库系统建设技术路线

山东省重要湿地数据库系统登录界面

都市农业的创意模式

一、技术成果水平

该成果开展了香草庄园创意发展模式研究，通过模式的集成示范将济南紫缘香草园打造成为济南都市圈高品质、高颜值、高融合、高技术、多功能的都市农业样板区，示范和引领全省都市农业新模式蓬勃发展。

二、成果特点

都市农业是依托城市并服务城市，可为都市居民提供优良农副产品和优美生态环境的高集约化、多功能的农业，是一二三产业融合发展的绿色低碳产业。

该成果以香草为主题，以创意为切入点，深入挖掘香草文化，研究集香草种植、加工、休闲旅游、体验、娱乐、疗养、艺术创作、摄影服务、学术研究等多功能于一体、一二三产业融合发展的创意模式，开发都市农业的浪漫、时尚元素，打造东方的普罗旺斯薰衣草庄园，成为济南都市圈居民节假日休闲度假的首选地。

香草种植以象征爱情的薰衣草和象征正义与和平的马鞭草为主，搭配玫瑰、向日葵、千日红、菊花等百余种香草品种，打造富有创意、诗情画意的浪漫花海。由薰衣草外景花海、梦幻奢华的室内实景及欧式花园构成的安纳伯格婚纱摄影基地，是济南市最大、最时尚的婚纱摄影基地。在发展香草观光旅游、婚纱摄影服务的同时，种植草莓、葡萄、苹果、桃、蔬菜等适宜采摘的都市型果蔬新品种，生产高端果蔬产品，拓展香草庄园的采摘体验功能。开展香草创意产品开发，开发了多种香草时尚产品，增加香草的经济和文化附加值。同时，为游客提供休闲娱乐、科普教育、餐饮住宿、康养等多元化服务，逐步将香草庄园打造成为综合性都市型现代农业观光旅游区，为都市居民提供高品位、多层次、全方位的休闲体验。

三、推广应用

该成果在济南紫缘香草园进行了示范应用，带动香草园休闲观光旅游人数增加，提高了香草园的经济效益、生态效益和社会效益水平。

完成单位：山东省农业可持续发展研究所
主要完成人：姚慧敏，杨洁，赵旭，王祥峰，袁奎明

通信地址: 山东省济南市工业北路202号

联系电话: 0531-66659890

香草庄园总体景观

香草庄园局部景观

香草庄园创意微景观

果蔬种植水肥一体化精量施用系统

一、技术成果水平

该成果已获得实用新型专利1项。成果水平达到国内先进技术水平。

二、成果特点

1. 解决的问题

传统的果蔬生产长期沿用粗放式水肥管理模式，存在劳动强度大、用工量多，无效水肥投入占比高，生产成本高，土壤、环境及地下水污染等问题。

2. 功能特点

省时省力：一次建设，多年使用，成百上千亩一人操作。

精准投入：实时监测土壤数据，按需施用；每次水肥用量均有精确数据，杜绝浪费，节省成本。

生态友好：配合微灌，解决大水漫灌和过量施肥带来的污染问题。

三、推广应用

该成果在济南章丘等地的果树生产企业进行了示范应用，取得了良好效果。

完成单位：山东省农业科学院农业信息与经济研究所
主要完成人：尚明华，王富军，李乔宇，穆元杰，赵庆柱，胡树冉
通信地址：山东省济南市工业北路202号
联系电话：0531-66659076，18663731123

水肥一体化精确施用系统

冬暖大棚无人值守式全自动卷帘系统

一、技术成果水平

该成果已申请专利1项。成果水平达到国内先进技术水平。

二、成果特点

1. 解决的问题

依赖人工：早升帘晚降帘每日重复进行，规模化种植时需要雇用大量工人。

耗时长：升帘或降帘过程必须从头盯到尾，每座大棚仅卷帘操作平均每天耗时40分钟以上。

危险性大：稍有不慎会导致卷过头或反卷，造成事故和经济损失。

随意性强：卷帘不及时，光照和温度综合利用率低。

2. 功能特点

无人化管理：无人值守，全自动卷帘，彻底摆脱人工依赖。

远程化操作：在雨雪等特殊情况下可通过手机端远程手动操作。

高可靠性：采用非接触式限位原理和时光双控模式，可长期可靠运行，杜绝事故隐患。

高精准性：根据时间和光照精准判断卷帘时机，光温综合利用率高。

三、推广应用

该成果在济南、德州、滨州等地设施蔬菜生产企业进行了示范应用，取得了良好效果。

完成单位：山东省农业科学院农业信息与经济研究所
主要完成人：尚明华，王富军，李乔宇，穆元杰，赵庆柱，胡树冉
通信地址：山东省济南市工业北路202号
联系电话：0531-66659076，18663731123

扫码观看视频

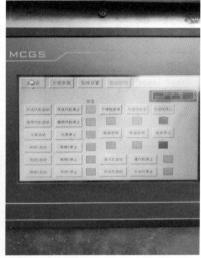

大棚控制器

知识产权证书

中药材专用有机基质

一、技术成果水平

2019年10月10日，山东省农业厅组织省内外专家对创新团队开展的"西洋参生物基质专用肥试验示范"进行了田间实地测产验收。

二、成果特点

2016年以来，结合西洋参栽培土壤改良研究，开展了中药材专用有机基质在对西洋参生产影响的研究与示范。该有机基质由食用菌菌渣为主要原料，依据作物特性和土壤特点经调配、造粒而成，有机质含量80%以上。

2019年10月在荣成试验基地开展西洋参基质专用肥试验示范测产，测产结果表明，处理组平均亩株数28 838株，鲜根重773.67千克/亩，对照组平均亩株数37 895株，鲜根重522.26千克/亩。处理组产量较对照组提高48%，20克以上鲜参比例从对照的22%提高到84%。验收专家组通过田间考察与测产认为，西洋参施用生物基质专用肥后，通过改善土壤结构、肥力和微生态环境，可提高西洋参产量，改善产品品质，具有广阔的推广前景，可在药材主产区推广应用。

相关专用基质的制备方法和配套生产设备申报了2项国家发明专利：一种食用菌菌渣复合肥的生产设备（CN201810307503.1），一种食用菌菌渣活性土壤肥力调节复合物及其制备方法（CN201710249803.4）。

一种食用菌菌渣复合肥的生产设备

三、推广应用

"西洋参土壤改良高产栽培技术"获山东省农业科学院科技进步奖二等奖，被列为山东省农业主推技术。

除西洋参外，中药材专用有机基质还在鲁中南山区的丹参、鲁西南地区的丹皮、白芍以及黄河三角洲盐碱地药材上开展了研究与示范，同样获得良好的效果。

完成单位：山东省农业科学院农产品研究所
主要完成人：单成钢，王宪昌，王志芬
通信地址：山东省济南市工业北路202号
联系电话：0531-66659283

西洋参专用基质测产

糖尿病患者全营养配方粉制备技术及产品

一、技术成果水平

糖尿病患者全营养配方粉制备技术达到国内先进水平，该成果相关技术已获得发明专利2项，正在申请发明专利3项。

二、成果特点

糖尿病患者全营养配方粉是根据糖尿病患者营养需求，依托团队自主研发的天然抗消化淀粉、低聚糖、中长碳链脂肪酸甘油三酯、1，3-甘油二酯等核心原料，设计了精准营养配方，并采用高效混合、喷雾干燥等工艺制备而成。产品营养均衡，升糖指数低（≤55），溶解度和稳定性好，口感佳，在有效控制糖尿病患者餐后血糖的同时，还可为其提供充足的营养支撑。

三、推广应用

最新统计表明，我国糖尿病患者已达1.56亿人，低升糖指数的食品市场前景极其广阔。但是由于我国此类产品起步晚，市场上产品种类少，品质差，导致产业被雅培等跨国公司所垄断。进口产品价格高昂，给患者带来了巨大的经济负担。本成果产品在营养、感官等方面非常接近进口产品，且价格相对低廉，符合中国人民的饮食习惯要求，因此具有广阔的市场前景。

完成单位：山东省农业科学院农产品研究所
主要完成人：徐同成，邱斌，刘丽娜，刘玮，宗爱珍，贾敏
通信地址：山东省济南市工业北路202号
联系电话：0531-66659137

专利证书

全营养配方粉产品

德州扒鸡原料鸡专用饲料

一、技术成果水平

德州扒鸡原料鸡专用饲料是在对其精准营养需要研究的基础上研发的科技型饲料产品，该产品涵盖的综合技术达到国内领先水平，该成果已获得授权发明专利2项。

二、成果特点

德州扒鸡是山东省驰名中外的知名品牌，需求量逐年增加，致使原料鸡供不应求，目前多用一些小型肉鸡作为生产扒鸡的原料来补充原料鸡的不足。小型肉鸡生长速度相对较快，腹脂和皮下脂肪含量高，肌内脂肪含量低，致使加工出来的扒鸡口感下降。优质扒鸡对原料要求较高，一是鸡的胫骨长度适宜而且骨骼坚韧便于造型，二是皮下、腹腔脂肪含量低而肌内脂肪含量高便于提升鸡肉嫩度和风味。众所周知，影响鸡肉品质的因素较多，如品种、饲料、饲养管理、加工等，其中，饲料营养和饲养管理尤为重要。为此，团队进行了肉品质提升的营养和管理技术攻关，主要进行了不同生长阶段、不同性别的饲料能量、蛋白水平的精准调控，光照强度和时间的精准调控。按照此技术生产的扒鸡原料，具有上市早，骨骼强度大，屠宰伤残率低、腹脂、皮脂率低，出肉率高，肉质细嫩等特点，能够大幅度提升扒鸡的品质，在不增加支出的情况下满足人们对扒鸡品质的需求。该技术成果具有以下先进性。

1. 光照量精准

光照强度和时间1~5天为24小时/日，40~50勒克斯；此后每日黑暗1小时，光照23小时，20~30勒克斯；出栏前10天，24小时/日，30~40勒克斯。

2. 营养精准

针对不同品种、不同性别、不同生长阶段对能量蛋白的需求不同提供营养，制定了混养模式和公母分饲模式下的饲养标准，做到营养差别化精准供给。

3. 体重控制精准

根据市场的需求和扒鸡加工企业对原料鸡体型大小的要求，通过饲料营养和饲养管理控制其生长速度。

三、推广应用

该成果在德州、聊城、泰安、济宁、临沂等养殖企业进行了示范，应用此技术共生产饲料45 000吨，出栏肉鸡约1 000万只，取得了良好的经济效益，生产的扒鸡原料鸡的肉品质得到显著提高，生产的扒鸡风味得到进一步提升，受到扒鸡加工企业的好评。

完成单位：山东省农业科学院家禽研究所
主要完成人：刘雪兰，亓丽红，伏春燕，张燕，石天虹，魏祥法
通信地址：山东省济南市交校路1号
联系电话：0531-85999436

专利证书

副猪嗜血杆菌病二价灭活疫苗（1型LC株和5型LZ株）

一、技术成果水平

副猪嗜血杆菌病二价灭活疫苗（1型LC株和5型LZ株）研发技术达到国内先进水平，该成果已获得1项农业部国家新兽药注册证书，3项农业部生产文号，形成省级主推技术1项，疫苗核心专利于2016年荣获中国专利优秀奖和山东省专利奖一等奖，疫苗生产技术和工艺转让山东滨州沃华生物工程有限公司、青岛易邦生物技术有限公司等4家大型动保企业，直接转让经费890万元，目前到位经费815万元。

二、成果特点

副猪嗜血杆菌病二价灭活疫苗（1型LC株和5型LZ株）不仅能为血清1型、5型同源攻毒提供良好的免疫保护，还可为血清2型、4型、10型、12型、13型、14型和15型副猪嗜血杆菌异源攻毒提供较好的交叉保护，能够有效预防副猪嗜血杆菌病的流行和传播，降低本病造成的经济损失。该成果创新细菌高密度发酵培养技术、抗原浓缩技术和新型铝胶佐剂配苗技术，提高了疫苗生产效率及质量，解决了传统疫苗生产工艺效率低、疫苗抗原含量不足及免疫副作用较大等疫苗生产关键技术难题。临床应用显示猪群免疫该疫苗后能够产生较强的免疫力，免疫期可达6个月，保育仔猪的成活率和妊娠母猪的产仔成活率均有明显的提高，有着广阔的应用前景。另外，该疫苗的应用还减少了抗生素药物的使用，改善了料肉比，降低了饲养成本。

三、推广应用

该疫苗产品在全国生猪主产区进行推广应用，2018年市场占有率排名全国第一位。免疫猪群的副猪嗜血杆菌病发病率下降8%，抗生素使用量减少20%，断奶仔猪成活率提高3%，取得了显著的经济、社会和生态效益。

完成单位：山东省农业科学院畜牧兽医研究所
主要完成人：吴家强，于江，张玉玉，等
通信地址：山东省济南市桑园路8号
联系电话：13969105322

新兽药注册证书生产文号

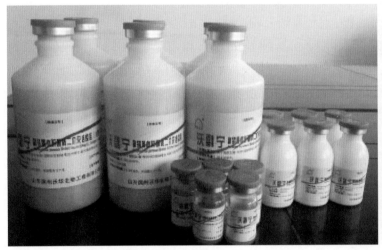 

疫苗产品　　　　　　　　　　山东省专利奖证书

鸡大肠杆菌病、沙门氏菌病二联蜂胶灭活疫苗

一、技术成果水平

相关专利转让山东华宏生物工程有限责任公司。

二、成果特点

从山东省重点肉鸡养殖企业采集的4 000多株大肠杆菌和沙门氏菌样品中，筛选出8株鸡大肠杆菌病流行菌株和5株鸡沙门氏菌病流行菌株；用免疫原性良好的鸡大肠杆菌病O78血清型EC24菌株和沙门氏菌病肠炎型沙门氏菌菌株，创制出鸡大肠杆菌病、沙门氏菌病二联蜂胶灭活疫苗。

为解决传统矿物油佐剂吸收慢和易残留的技术难题，选用蜂胶萃取物作为佐剂，确定了用乙醇浸泡提取的最佳工艺条件和8～15毫克/毫升干物质最佳剂量；蜂胶是天然防腐剂，无毒副作用、无应激、注射部位无肿胀；较铝胶等佐剂使疫苗提前10天产生保护抗体。

三、推广应用

进行临床试验，在中慧、六和等企业使用，疫苗免后7～10天即可产生免疫力，免后3天即可完全吸收，无毒副作用、无残留。与山东华宏生物工程有限公司签订技术开发合同。

完成单位：山东省农业科学院畜牧兽医研究所
主要完成人：刘玉庆
通信地址：山东省济南市工业北路202号
联系电话：15253178966

兽药新产品——西地碘粉

一、技术成果水平

国家三类新兽药，（2018）新兽药证字40号。该项目核心成果已经获得山东省农业科学院科技进步奖一等奖。

二、成果特点

新兽药西地碘粉采用先进科技以环糊精作为载体将碘进行环状包被，解决了碘类消毒剂产品高温易分解、不稳定、不方便存储和使用的问题；同时，产品降低成本20%左右，分解后的产物——食源性β-环糊精能够快速降解，环保安全无污染。该产品经过山东省几大养殖集团临床应用，已证实具有很好的消毒效果。

三、推广应用

西地碘粉新产品经中试推广到济南、临沂、烟台等全省地区。

完成单位：山东省农业科学院家禽研究所
主要完成人：宋敏训，李桂明，林树乾，黄中利，杨世发，赵增成，傅剑
通信地址：山东省济南市交校路1号
联系电话：13658602707

西地碘粉新兽药证书

西地碘粉产品标签

兽药新产品——清营口服液

一、技术成果水平

国家三类新兽药，（2016）新兽药证字24号。该项目核心成果已经获得国家技术市场金桥奖优秀奖、山东省专利奖二等奖、山东省畜牧协会认定"新成果"。

二、成果特点

清营口服液源自百年经典古方"清营汤"，是山东省农业科学院家禽研究所在传统工艺的基础上结合现代科技研制的新型中兽药制剂，于2016年3月获国家三类新兽药证书。该新药由水牛角、玄参、金银花、连翘、黄连等九味中草药组成。功效为清营解毒，透热养阴，用于治疗温热病邪所致营分证，具体症状表现为家禽高热，精神萎靡，缩头，闭眼，昏睡，冠、肉髯发绀，有出血斑点等，可广泛应用于大肠杆菌、慢性新城疫、H9亚型禽流感等多种原因引发的家禽温热疫病的防治。对保障家禽业绿色健康养殖、减少抗生素使用和肉蛋产品残留、提高禽产品安全具有重要的意义。

清营口服液新兽药证书

三、推广应用

清营口服液新产品现已推广到山东、河南、河北、天津等10余省市，直接销售额超过1 000万元，创造间接经济效益5 000万元。

完成单位：山东省农业科学院家禽研究所
主要完成人：宋敏训，赵增成，林树乾，黄中利，李桂明，冯敏燕，傅剑，杨世发
通信地址：山东省济南市交校路1号
联系电话：13658602707

清营口服液产品标签

基于卫星导航和自动驾驶的果园智能喷药机器人

一、技术成果水平

该成果已申请专利1项。成果水平达到国内领先技术水平。

二、成果特点

1. 解决的问题

传统的果园喷药作业经历了"人力喷药"和"人力+机械辅助喷药"两个阶段，但都存在劳动强度大、作业效率低、人身伤害大等突出问题，是目前果园生产的瓶颈之一。

2. 功能特点

自动驾驶：自主研发的自动驾驶控制器，实现田间行进、拐弯转向等。

自主导航：基于北斗卫星厘米级定位，实现作业路径学习和田间自主路径导航。

智能作业：具备转场（调行）不喷、断点续喷、加水（药）续喷等功能。

省工省力：新型无人化作业模式，完全解放了人力；人的工作简化为仅加水加药，千亩果园一人一机作业。

三、推广应用

该成果在烟台、威海等地的标准化果园进行了示范应用，取得了良好效果。

完成单位：山东省农业科学院农业信息与经济研究所

主要完成人：尚明华，穆元杰，王富军，李乔宇，刘淑云，胡树冉，赵庆柱，张静

通信地址：山东省济南市工业北路202号

联系电话：0531-66659076，18663731123

扫码观看视频　　　　　　　　扫码观看视频

现场作业视频

现场作业

果园精准管理技术及产品

一、技术成果

已获专利8项，进行软件登记5项，出版著作3部，发表论文9篇。

二、成果特点

果园精准管理技术及产品针对果园生产效率低、成本上升、管理粗放、资源利用效率低的问题，开发了简单方便、实用性强的果园精准管理技术及产品，为实现果园的精准管理提供了新的技术手段。主要包括以下几个方面。

一是果园微域环境信息精准获取技术，集成研发了实用性强、成本低、可靠性高的冠层与中低部温湿度大气压、冠层风向风速、冠层光合有效辐射、冠层降水量、根域温湿度电导率、根域pH值等信息的精准获取装置，实现了果园微域环境信息的精准获取，为果园的精准管控提供数据支撑。

二是果园水肥精准施用技术，创造性地提出了反冲洗的同时可连续运行的关键技术，研制了全自动反冲洗过滤装备，根据不同水源和过滤精度灵活调整反洗压差和时间设定值，去除水中泥沙、黏土、铁锈、悬浮物及其他微小颗粒等杂质，提高灌溉水品质，防止灌溉堵塞。

三是研建了基于手机端和Web端的苹果园精准管理系统，实现作物信息、基地信息、地块信息、水源信息、养分信息、肥料信息等基础信息管理，微域环境监测与灌溉信息实时运行管理，数据分析决策、统计以及系统管理等功能。

三、推广应用

该技术及其产品在山东栖霞、邹城、阳谷、泰安、鄄城等地的规模化果园，济宁、莱西、济阳等地的大田，以及日喀则地区的大田和温室进行了示范应用，实现了对果园、大田以及温室等不同农业生产环境的精准监测，提高了龙头企业管理水平。

完成单位：山东省农业科学院农业信息与经济研究所
主要完成人：阮怀军，王风云，郑纪业，刘炳福
通信地址：山东省济南市工业北路202号
联系电话：18668915199

手机App运行界面

果园微域环境监测设备

果园水肥精准施用装置

苹果品质智能精选分级技术及产品

一、技术成果

已获专利2项，进行软件登记1项，出版著作1部，发表论文3篇。

二、成果特点

针对果品采后商品化处理弱，无法快速、实时、在线无损检测苹果内外品质的问题，利用机器视觉、高光谱、模式识别、自动控制等技术，研发了果品智能化精选分级技术及产品，为实现苹果内外品质的无损检测提供了新的技术手段。主要包括以下技术。

一是苹果外部品质实时在线无损检测技术，利用机器视觉、模式识别、图像处理等技术，研究了苹果外部品质实时在线无损检测方法，建立实时在线的图像处理算法，进行苹果外观图像三维重建，实现苹果外部的大小、颜色等品质无损检测。

二是苹果内部品质的实时在线无损检测技术，创新性地集成了苹果内部糖度、霉心病实时在线无损检测系统，研究了光谱与苹果内部糖度、霉心病之间的关系，建立了苹果糖度、霉心病的预测模型，实现了苹果内部品质的实时在线无损检测。

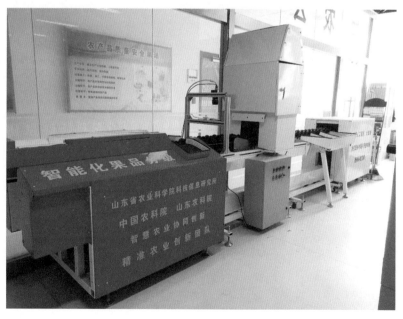

苹果品质智能精选分级装备

三是苹果品质智能精选分级同步控制技术，使苹果上料、外部品质检测、内部品质检测、分拣的同步智能控制，保证系统稳定运行。

四是设计了上料、翻转、图像采集、光谱采集以及执行机构，与机器视觉、高光谱检测系统进行软硬件集成，构建了苹果品质智能精选分级系统，实现了苹果品质在线、实时、无损检测。

三、推广应用

该技术及其产品在实验室调试运行，系统稳定、完善后进行推广应用。

完成单位：山东省农业科学院农业信息与经济研究所
主要完成人：阮怀军，王风云，郑纪业，刘炳福
通信地址：山东省济南市工业北路202号
联系电话：18668915199

自平衡多功能果园作业平台技术及产品

一、技术成果水平

自平衡多功能果园作业平台技术及产品性能良好，该成果已申请专利1项。

二、成果特点

自平衡多功能果园作业平台用于果园生产管理，辅助完成修剪、拉枝、疏花、疏果、套袋、采摘、运输等作业。通过手柄操纵，可以实现作业平台的升降、左右延伸、果箱装卸等功能。自平衡技术主要针对胶东地区丘陵坡地果园作业的需求，通过自动调整操作平台三轴角度，实现操作平台在不同地形作业时均处于水平状态，保障作业人员安全，实现一机多用。

技术创新点：一是电动自走式，静音环保。市场上的作业平台多以柴油机或汽油机做动力，噪音大，污染环境。由于工作时速度较慢，有时还要停车作业，发动机功率很大一部分白白浪费掉。采用电机驱动就克服了这些缺点，没有尾气排放，零污染环保，能源利用率高，噪声小。二是采用双动力系统，10块DC6V的蓄电池为主要动力，当电池缺电时，内燃机能够为电池充电。三是电液控制，平台自动调平技术。采用二轴状态识别感应和机电液控制技术，配合PC智能控制系统，开发平台作业自适应智能调控装置，保证主平台在不同地形作业时均处于水平状态，满足丘陵山地作业要求，保障作业人员安全，实现一机多用。主要原理是通过倾角传感器检测平台与水平面夹角，当出现偏差时输出信号，通过智能控制系统打开电磁阀，控制油缸伸缩，实现平台角度调整。

三、推广应用

自平衡多功能作业平台在烟台栖霞多个果园进行了示范应用，获得了果农的好评，适合推广应用。

完成单位：山东省农业机械科学研究院
主要完成人：刘学峰
通信地址：山东省济南市桑园路19号
联系电话：13553196447，18615185935

果园作业平台三维设计图

果园作业平台产品

果树整形修剪机产品

一、技术成果水平

果树整形修剪机产品试验性能良好，该成果已获得专利3项。

二、成果特点

针对果树整形修剪管理中，人工修剪劳动强度大、生产效率低、修剪机械化装备不成熟、严重制约果树全程机械化生产发展等问题，胶东农业全程机械化智能装备研发与集成示范任务团队研发了葡萄夏梢剪枝机、树冠仿形修剪机和红枣修剪机。

葡萄夏梢剪枝机可以对葡萄枝进行合理的夏季修整，以减少养分消耗，调节养分的流向，调整生长状况，改善通风透光条件，增加养分的积累，可提高坐果率、促进花芽分化、增进果实品质和通风透光。为适应不同种植模式，葡萄修剪台设计为龙门式和两翼式两种型式；实现对两行葡萄藤的侧部和顶部枝叶的修剪工作，作业效率高；突破支架宽度、高度、倾斜角度全液压调节技术，适应不同种植户

葡萄剪枝机专利证书

要求；独立液压系统，性能稳定；专利技术修剪刀，切削阻力小，防止枝条飞溅。

树冠仿形修剪机机电液自动控制驱动，整机结构紧凑。切削装置包括上切削装置、中间切削装置、下切削装置，上下切削装置均能围绕各自的旋转中心在0～90°范围内旋转，突破切削装置的升降、左右平移、摆动液压控制技术，实现仿形功能。采用圆盘锯切削形式，修剪直径大，切口平滑、无撕裂毛茬。

红枣修剪机设置了回转式枣吊清除装置，突破了枣吊清除关键技术。

三、推广应用

该成果产品操作方便灵活、具有树冠仿形、全液压驱动，适应性强、通用性能高，能满足多种修剪树形的需要，为现代林果业的发展提供技术支撑。

该成果已在山东双佳农装科技有限公司实现转化，在宁夏举办的"葡萄

叶幕修剪机械化技术作业现场会"和烟台果园试验推广中获得专家和农户的好评，适合推广应用。

完成单位：山东省农业机械科学研究院
主要完成人：刘学峰
通信地址：山东省济南市桑园路19号
联系电话：13553196447

龙门式葡萄夏梢剪枝机

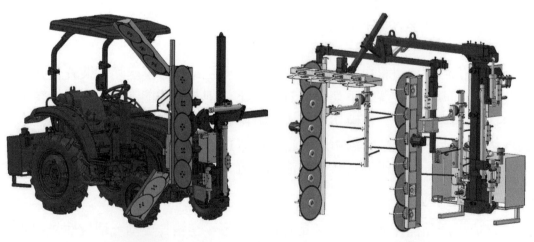

果树修整机　　　　　　　　　　红枣修剪机

甩刀式割草机产品

一、技术成果水平

甩刀式割草机试验性能良好。

二、成果特点

甩刀式割草机适用于果园行间的生草除草、丘陵地、大地块苜蓿地等牧草的收获，也适用于河岸两侧青草及公路斜坡杂草的切割。

创新点包括：既适用于平地切割，又适用于坡面切割的甩刀式割草机，降低了新型果园割草作业劳动强度，节省了成本，提高了果园经济效益；采用调节机构来适应不同角度的坡面，其中，水平侧移机构使机具在水平面内左右移动，能有效避开障碍物，倾斜调节机构能使机具在竖直面内，实现150°内任意角度的调节；适应性强，整机通过性好，切割性能优异。

三、推广应用

该成果已在山东双佳农装科技有限公司实现转化，获得用户的好评，适合推广应用。

完成单位：山东省农业机械科学研究院
主要完成人：刘学峰
通信地址：山东省济南市桑园路19号
联系电话：13553196447

甩刀式割草机

秸秆高效均质化粉碎关键技术与装备

一、技术成果水平

该成果能解决高含杂高含水率秸秆的均质化粉碎难题，粉碎效果好，生产效率高，已突破关键技术4项，制造装备2种，申报发明专利2项，授权实用新型专利3项，获得软件著作权1项，发表论文1篇。

二、成果特点

针对设施蔬菜秸秆藤蔓类作物缠绕严重，含水率高，含有大量塑料薄膜、塑料绳等垃圾从而粉碎效果差的难题，创新团队突破了"多级均质破碎""高含水率秸秆破节揉搓粉碎""转子盘轴承温升在线检测智能控制""切流与轴流混合粉碎"等关键技术，研制了多级立式和卧式多作物秸秆粉碎机。其中，多级立式秸秆粉碎机适用于大批量秸秆粉碎，能够抓车上料，采用耐磨损、抗冲击刀具的两级粉碎机构，配备轴承智能油冷温控系统，对高速长时间连续化工作的主轴轴承进行油冷降温，延长了轴承使用寿命，降低了设备维护劳动强度和设备故障率。多级卧式秸秆粉碎机适用于小批量秸秆粉碎，设计了滚刀切断和锤片高速击打两级粉碎机构，该机作业过程中先将与塑料垃圾相互缠绕的蔬菜秸秆切断，再进行高速锤击粉碎，实现了塑料绳布与蔬菜秸秆分离、解除缠绕，为后续多级清塑除杂奠定基础。

三、推广应用

该成果在山东沃泰生物科技有限公司、山东泰昌生物科技有限公司、山东博华高效生态农业科技有限公司等秸秆肥料化利用工厂成功应用，年处理蔬菜秸秆100余万吨，粉碎效果好，处理效率和使用可靠性高，具有较强的推广应用前景。

完成单位：山东省农业机械科学研究院
主要完成人：齐自成，李福欣，褚斌，等
通信地址：山东省济南市桑园路19号
联系电话：18615182581

多级立式秸秆粉碎机

多级卧式秸秆粉碎机

知识产权证书

农牧废弃物高温生物好氧发酵技术与装备

一、技术成果水平

该成果能解决农牧废弃物快速无害化处理的难题，处理产物通过进一步堆肥可以制成有机肥，实现循环利用，已突破关键技术3项，制造装备1种，申请发明专利1项，获得实用新型专利1项，获得软件著作权1项。

二、成果特点

针对秸秆、尾菜、畜禽粪便等农牧废弃物快速无害化处理难的问题，创新团队突破废弃物快速高温好氧发酵、强力混合搅拌、废气生物除臭等关键技术，研制了农牧废弃物高温生物好氧发酵一体机。该机主要由供热系统、进料系统、出料系统、发酵系统、供氧系统、自动控制系统等部分组成，能够在4小时内实现农牧废弃物的快速无害化，处理产物为有机肥原料，可以循环利用。其自动控制系统采用三菱PLC控制并采集物料发酵温度，通过触摸屏控制自动/手动、物料温度、主机正反转时间、进料门开关、出料门开关、进料刮板运转、出料刮板运转、供氧、供水、喷菌运行等状态及数据。

三、推广应用

该成果已在日照等地的农村废弃物集中处理点应用，具有自动化程度高、处理过程无二次污染、占地小、可靠性高等优点，特别适用于农村农牧废弃物的快速无害化处理。

完成单位：山东省农业机械科学研究院
主要完成人：齐自成，范春光，等
通信地址：山东省济南市桑园路19号
联系电话：18615182581

农牧废弃物高温生物好氧发酵一体机

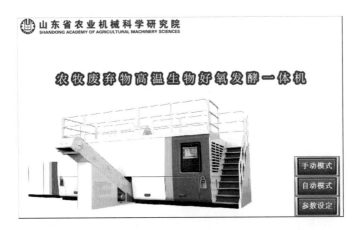

农牧废弃物高温生物好氧发酵一体机控制系统

知识产权证书

设施蔬菜秸秆清塑除杂技术与装备

一、技术成果水平

该成果能够解决设施蔬菜秸秆中含有大量塑料薄膜、塑料绳和石块等杂物难以分离问题，为秸秆发酵制成有机肥做准备，现已突破关键技术1项，制造装备4种，获得发明专利3项，实用新型专利2项，发表论文1篇。

二、成果特点

针对设施蔬菜秸秆中含有大量塑料薄膜、塑料绳和石块等杂物难以分离问题，创新团队根据蔬菜秸秆与塑料绳、薄膜的密度、静电吸附等特性差异和肥料化利用需要，通过优化清塑揉搓转子盘转速及螺旋角、自动上料均匀度控制、筛筒螺旋角等主要工作参数，重点突破蔬菜秸秆里塑料绳、薄膜的快速、高效、低成本清塑除杂技术，研制了蔬菜秸秆清塑除杂生产线。该生产线由定量给料机、打散破团机、振动筛分机、皮带输送机等设备组成，通过优化定量给料机和皮带输送机送料速度、振动筛分机振动频率及筛网倾角等主要工作参数，清塑除杂率能达到90%以上，清塑后的物料用于生产有机肥，实现蔬菜秸秆废弃物变废为宝。

三、推广应用

该成果在山东沃泰生物科技有限公司、山东泰昌生物科技有限公司、山东博华高效生态农业科技有限公司等秸秆肥料化利用工厂成功应用，年处理蔬菜秸秆100余万吨，清塑除杂效果好，处理效率和使用可靠性高，具有较强的推广应用前景。

完成单位：山东省农业机械科学研究院
主要完成人：齐自成
通信地址：山东省济南市桑园路19号
联系电话：18615182581

设施蔬菜秸秆清塑除杂生产线定量给料机

专利证书

农牧废弃物肥料化利用成套技术与装备

一、技术成果水平

该成果能够解决蔬菜和作物秸秆、废瓜烂果、果园及园林枝条以及畜禽粪污等有机固废减量化处理、好氧发酵堆肥资源化循环利用问题，为生态循环绿色高效农业提供支撑，现已经突破关键技术10余项，研制关键设备10余种，获山东省农业科学院科学技术奖一等奖、全国商业科技进步奖二等奖、中国机械工业科学技术奖三等奖以及山东省机械工业科技进步奖一等奖等；获得专利36项（其中，发明专利10项），发表论文23篇，辐射带动山东、河南、江苏等农牧废弃物肥料化利用，实现了蔬菜秸秆集中堆肥利用成果的大范围推广，经济、社会和生态效益显著。

二、成果特点

针对制约我国蔬菜和作物秸秆、废瓜烂果、果园及园林枝条以及畜禽粪污等有机固废循环利用技术与模式缺乏、预处理及堆肥利用装备技术水平不高、无典型示范推广应用案例等重大技术问题，围绕好氧发酵堆肥技术工艺原理、蔬菜秸秆粉碎预处理技术、清塑除杂技术、智能化发酵堆肥控制技术、有机肥加工生产及施用技术等方面进行攻关，开展了系统的理论、技术创新和成套装备研制及推广应用，取得了较好成果，提高了我国农牧废弃物资源化利用的机械化水平，为保障蔬菜种植业的可持续发展提供了技术支撑，推动美丽中国、美丽乡村的生态文明建设和该领域的科技进步。

一是首创了蔬菜秸秆等废弃物工厂化肥料化处理与循环利用模式和技术，为蔬菜秸秆堆肥利用提供了新途径和新方法，解决了蔬菜秸秆等废弃物还田利用的机械化、减量化、无害化难题。

二是创新研制了蔬菜秸秆预处理关键装备、蔬菜秸秆与畜禽粪便联合发酵堆肥及有机肥施用关键装备，包括蔬菜秸秆大型立式粉碎机、清塑揉搓除杂生产线、固液分离机等，填补了国内空白，为蔬菜秸秆等农牧废弃物产业化、规模化、快速肥料化循环利用提供了强有力的机械装备支撑。

三是在典型区域建立推广示范基地，实现了机械装备与技术模式的成果转化与应用，形成了肥料化利用成套的机械化技术体系，开发了有机肥、生物有机肥、栽培基质3个系列产品，完善了产业链，实现了蔬菜秸秆集中堆肥还田技术的大范围推广和转化，取得显著的经济、社会和生态效益。

三、推广应用

该成果在山东沃泰生物科技有限公司、山东泰昌生物科技有限公司、山东博华高效生态农业科技有限公司等秸秆肥料化利用工厂成功应用，年处理蔬菜秸秆100余万吨，清塑除杂效果好，处理效率和使用可靠性高，具有较强的推广应用前景。

完成单位：山东省农业机械科学研究院
主要完成人：齐自成，张进凯，等
通信地址：山东省济南市桑园路19号
联系电话：18615182581

示范基地堆肥车间生产线

专利证书

筛片组合式螺旋挤压鱼类肉刺分离装备

一、技术成果水平

筛片组合式螺旋挤压鱼类肉刺分离装备在实现鱼肉与鱼刺精细分离方面达到国内领先水平，获批专利1项（授权通知书）、软件著作权1项。

二、成果特点

筛片组合式螺旋挤压鱼类肉刺分离装备主要用于实现整鱼或鱼排上的鱼肉与鱼骨刺精细分离，分离的鱼肉用于食品加工，鱼骨渣用于饲料加工，是解决鱼类加工关键核心问题的装备。

1. 技术创新点

创新性研发细刺多刺鱼及鱼头鱼骨高效采肉装备，通过流体力学与固流分离原理，实现机械化无刺精滤采肉，采肉率高且可直接加工成高端鱼糜原料。

创新性研发筛片组合开放式结构的鱼类肉刺分离腔，散热情况好，采用变截径螺旋与分离通道配合，保持挤压力均匀，加工过程温升稳定。

知识产权证书

2. 关键技术参数

采肉率≥90%，高于国内现有技术装备5%以上，资源利用率高。

肉刺分离精度（鱼刺重量占比%）≤0.02，高于国内现有技术装备20倍以上，加工附加值高。

三、推广应用

筛片组合式螺旋挤压鱼类肉刺分离装备在青岛国际渔业展、天津水产装备会议进行了推荐展示，大津鸿腾水产公司等多家水产公司进行示范试验，并出口缅甸，获得好评，适合推广应用。

完成单位：山东省农业机械科学研究院
主要完成人：贺晓东
通信地址：山东省济南市桑园路19号
联系电话：18615185935

筛片组合式螺旋挤压鱼类肉刺分离装备照片

去鳞开片一体机

一、技术成果水平

去鳞开片一体机技术装备达到国内领先水平，申请国际发明专利1项、国内发明专利1项。

二、成果特点

去鳞与开片是鱼类加工中的劳动强度较大的工序，去鳞开片一体机主要用来实现鱼类去鳞与开片工序，本技术装备可同时实现去鳞与开片，作业效率高。

1. 技术创新点

突破鱼类高效去鳞、低损伤与精准开片连续作业的技术难题，研发了去鳞开片一体机，集鱼类去鳞、开片加工于一体，生产效率高，同时也可以实现单一功能作业。

根据研究拉法尔原理、设计研发出新式鱼类去鳞机构，实现水流高速螺旋射出，水流压力由纵向力转化为纵向力与横向切力结合的旋转力，去鳞率高、无损伤。

知识产权证书

发明双传动空间错位衔接技术，结合鱼体加工导向槽，解决鱼类受水枪压力作用产生晃动，导致开片刀具无法准确对刀、开片不均匀的问题。

2. 关键技术参数

去鳞开片一体单机处理能力≥1 000千克/小时，去鳞率≥95%，开片数量2片/条。

三、推广应用

去鳞开片一体机在蓝海食品有限公司等多个水产加工企业进行了示范应用，获得好评，适合推广应用。

完成单位：山东省农业机械科学研究院
主要完成人：贺晓东
通信地址：山东省济南市桑园路19号
联系电话：18615185935

去鳞开片一体机

玉米收获机械关键技术研发与产业化

一、技术成果水平

研发的低损高效玉米收获关键技术与产业化应用整体达到国际先进水平，其中，玉米穗茎兼收技术达到国际领先水平，有效提升了玉米生产农机装备技术水平。

二、成果特点

该成果突破了玉米激振免接触低损摘穗、高位防护低损摘穗、茎秆调直输送与茎秆切碎长度控制、秸秆自适应输送与均匀打捆一体化连续作业、挤搓与低频冲击相结合低损脱粒等关键核心技术；研发了多棱异型辊立式摘穗、全浮动喂入辊秸秆喂入、纹杆与钉齿组合脱粒滚筒等多种装置，创新研制玉米果穗收获机、玉米穗茎兼收收获机、玉米籽粒收获机三大类15种新型装备。

该成果有效解决了黄淮海地区玉米机械收获过程中割台损失大、剥皮效果差、玉米穗茎兼收效率低、籽粒收获破碎率高等制约玉米收获的技术瓶颈问题，产品经有资质的第三方检测机构检测，各项性能指标均达到或优于相关标准要求，成果已进行产业化并大面积推广应用，经用户使用反映良好，经济效益显著，具有很好的推广应用前景。

三、推广应用

采用该成果关键技术研制的4YZQP型穗茎兼收玉米收获机由山东国丰机械有限公司投入批量生产，产品销往山东、河北、河南等地，市场反应良好，产品供不应求。2013—2017年累计销售1 350台，其中，2015年共销售4YZQP型穗茎兼收玉米收获机180台，2016年销售320台，2017年销售520台。按每年平均作业量800亩，已累计推广应用108万亩。通过推广示范，用户对项目产品的认可度逐渐提高，提升了应用单位产品的核心竞争力，创造了巨大的经济效益。

采用该成果穗茎兼收与秸秆打捆技术研制的4YZQK-4玉米穗茎兼收打捆一体机，山东国丰机械有限公司2016年生产30台，销售收入780万元，税收22万元，利润55万元；2017年生产玉米穗茎兼收收获机150台，销售收入3 900万元，税收110万元，利润280万元；2018年生产玉米穗茎兼收收获机400台，销售收入6 800万元，税收410万元，利润630万元。

采用挤搓与低频冲击相结合低损脱粒技术研制的4YL-4玉米籽粒收获机山

东国丰机械有限公司2017年生产4YL-4玉米籽粒收获机10台，销售收入260万元，税收8万元，利润18万元；2018年生产玉米籽粒收获机180台，销售收入4 600万元，税收120万元，利润340万元；2019年生产300台，销售收入7 800万元，税收270万元，利润510万元。后期公司通过对用户跟踪调查发现，采用高效低损脱粒技术，"玉米籽粒直收+晾晒"的方式较比人工收获亩均降低成本110～320元。

采用该成果中挤搓与低频冲击相结合低损脱粒技术研制了4YL-5智能玉米籽粒联合收获机，该机效率为10～15亩/小时，平均每天收获玉米100亩，每亩收费100元/亩。按照每个作业季作业25天，则单机单季可获得250 000元的毛收入。经测算，扣除购机补贴，则购机户2～3年就可收回全部投资。种植户玉米收获费用主要包括摘穗收获费用、秸秆处理费用和脱粒费用，一般摘穗费用80元/亩，秸秆还田50元/亩、脱粒费用50元/亩，采用4YL-5智能玉米籽粒联合收获机作业费用100元/亩，则每亩可节约成本80元。

采用该成果中关键技术研制的4YZP-3、4YZP-4、4YZP-5等系列收获机，五征集团有限公司2015年生产销售玉米联合收获机490台，销售收入7 350.00万元，税收422.69万元，利润1 495.36万元；2016年生产销售玉米联合收获机580台，销售收入8 700.00万元，税收482.01万元，利润1 666.20万元；2017年生产销售玉米联合收获机685台，销售收入10 275.00万元，税收587.62万元，利润2 071.84万元。

完成单位：山东省农业机械科学研究院
主要完成人：张华，耿端阳，周进，刘继元，邸志峰，姜卫东，姜伟，等
通信地址：山东省济南市桑园路19号
联系电话：0531-88617675

4YZP-4自走式玉米收获机

4YZPQ-3穗茎兼收型玉米收获机

4YZQK-4自走式玉米穗茎兼收秸秆打捆一体机

4YL-4玉米籽粒收获机

农业装备售后服务管理云平台

一、技术成果水平

农业装备售后服务管理云平台，该成果已申报发明专利6项，获得软件著作权7项，发表学术论文3篇。

二、成果特点

农业装备售后服务管理云平台信息化技术及产品针对目前农机企业产品缺乏售后服务信息化、售后技术文件电子化的问题，采用云平台、多层逻辑结构、多层分布式数据处理、多点数据处理以及负载的有效平衡分配等技术，突破MES与EPC等多系统集成难点，搭建了售后服务管理云平台，实现农机产品售后信息化和电子图册人机交互应用技术手段，开发了简单方便实用性强的农业装备售后服务管理云平台体系及产品。

该平台目前已开发完成管理端与客户端，实现了售后电子图册在线查阅、配件订单管理、数据权限与变更管理、维护SBOM数据、电子图册制作、技术审批、图片维护、知识库维护等功能。该平台的应用创新企业售后配件管理工作模式，节省企业劳动力，提高工作效率，解决配件供应的及时性和准确性问题，提升企业售后服务技术能力。

三、推广应用

农业装备售后服务管理云平台适用于所有农机和机械装备企业，现已在山东双力现代农业装备有限公司测试完成，各项指标均符合技术要求，该平台技术成熟实用且应用效果良好，具有较大推广应用前景。

完成单位：山东省农业机械科学研究院
主要完成人：王东岳，杨化伟，王树城，卢绪振
通信地址：山东省济南市桑园路19号
联系电话：0531-88617638

知识产权证书

农业装备售后服务管理平台

花生膜上播种机

一、技术成果水平

该成果打破春播花生先播种后铺膜的传统作业模式，采用先起垄铺膜后在膜上打穴播种，对土壤扰动小，利于抗旱、保墒，同时，省去人工破膜环节，节省工时，避免烧苗，确保全苗。

二、成果特点

机具在作业时一次可完成铺膜、膜上打穴、精量穴播、种孔覆土等工序，花生膜上打穴精量播种技术主要解决膜下播种需人工破膜的难题。

花生膜上打穴精量播种机由畦面整形装置、种床镇压装置、开沟圆片、膜边覆土圆片、穴播器、膜上覆土圆片、种箱、覆土圆筒等组成。穴播器是播种机的核心部件，其性能的好坏直接决定直播机的排种性能好坏。为保证株距的均匀性，本研究设计了鸭嘴滚筒式穴播器，工作时滚筒式穴播器与地面作纯滚动。采用负压取种，机械清种，多余种子清除，达到单粒排种的目的。

覆土滚筒的作用是将覆土圆盘取出的土壤输送集中后覆盖在种孔带或膜边，种子能得到土壤的覆盖，保证出苗，膜上的覆土也避免了薄膜被风刮起。

花生膜上打穴精量播种机

三、推广应用

该成果现正处于试验改进阶段。

完成单位：山东省农业机械科学研究院
主要完成人：康建明，张宁宁，张春艳，彭强吉，王小瑜
通信地址：山东省济南市桑园路19号
联系电话：0531-88617508

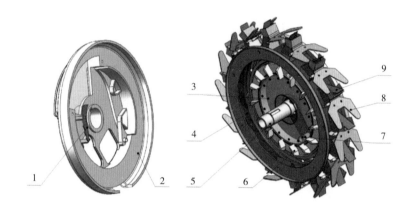

1—清种齿；2—穴播器盖；3—吸种盘；4—种道；5—穴播器轴；
6—分种盘；7—断气块；8—投种压板；9—成穴器

穴播器结构示意图

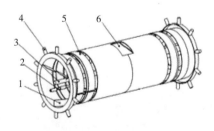

覆土滚筒结构示意图

残膜仿形柔性拾取技术及残膜回收机

一、技术成果水平

该成果对适用于我国棉花、花生、马铃薯等覆膜种植作物的残膜回收作业，突破了残膜仿形柔性拾取技术、起膜拾膜同步作业技术和重力差异旋风风力技术；研发了集起膜、拾膜、膜杂分离、集膜为一体的耕层残膜回收机，已获得专利17项，制定企业标准1项。

二、成果特点

残膜仿形柔性拾取技术及残膜回收机针对目前残膜捡拾主要依靠人工，作业效率低、劳动强度大的难题，通过农田耕层残膜分布性状和不同深度、不同捡拾期下残膜弹性模量、抗拉强度、延伸率等特性研究，获取残膜断裂函数，揭示残膜断裂规律；突破仿行柔性拾取和重力差异旋风分离技术，提高残膜拾净率，降低回收后的残膜含杂量；研制出集起膜、拾膜、膜杂分离、集膜为一体的耕层残膜回收机，通过大面积生产考核，各项性能指标达到国家标准GB/T 25412—2010要求，为农田提质工程提供可靠的技术装备。主要创新如下。

一是将机电液智能控制与仿行柔性拾取技术相结合，开发捡拾部件智能控制系统，创新研制智能化残膜捡拾装置，提高了残膜的捡拾率。

二是采用重力差异旋风分离技术，研制气动耦合作用下的膜杂分离装置，分析膜杂混合物运动分离过程，建立数学模型，求解最优参数，降低残膜含杂率。

三是依靠离心式风机产生的气流对残膜产生引导作用，在导流板作用下实现对残膜的辅助输送，创新研制浮动式气力卷膜装置，提高了残膜的存储效率。

三、推广应用

该成果在山东、内蒙古、新疆等残膜污染严重地区进行了示范应用，通过大面积的田间试验，针对存在的问题对关键部件进行了优化提升，提高了整机的可靠性。2019年9月通过了机械工业农业机械产品质量检测中心出具的产品性能检测报告，残膜回收率88%，残膜含杂率6.9%，纯作业小时生产率0.97公顷/小时。

完成单位：山东省农业机械科学研究院
主要完成人：康建明，彭强吉，张宁宁，张春艳，王小瑜
通信地址：山东省济南市桑园路19号
联系电话：0531-88617508

残膜回收机现场演示　　　　　残膜回收机负责人接受三农新闻联播采访

1FMJT-200型弹齿链靶式耕层残膜回收机